복종과 불복종

KODEF 안보총서 125

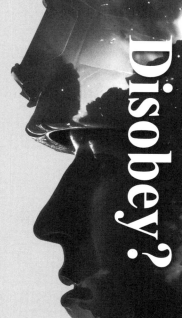

복종과 불복종

To Obey or Disobey?

| 전계청 지음 |

자발적 복종과 정당한 불복종, 바람직한 민군관계에 대하여

플래닛미디어
Planet Media

두 개의 자발적 복종

2024년 12월 3일의 계엄 사태 이후로 온 나라가 시끄럽다. 온라인상에서는 수많은 말이 오가고 있고 급기야는 광장에서 보수와 진보를 주장하는 사람들이 몸싸움을 벌이기도 한다. 그러나 그들의 몸싸움보다 더 나를 사로잡은 감정은 바로 나의 내면에서 끓어오르는 분노와 허탈감이었다. 나는 사관생도 기간을 포함하여 39년간 군에 몸을 담았고, 누구보다 군을 사랑한다고 자부한다. 그런데 어느 누군가의 불장난으로 그토록 사랑하는 군을 정치의 한가운데로, 그것도 너무나 불명예스러운 정치적 도구로 떨어뜨리고 말았다. 전쟁의 잿더미 속에서 불과 50년 만에 세계가 인정하는 선진국의 반열에 오른 대한민국에서 어떻게 이런 일이 일어날 수 있었을까?

그런데 나를 더 힘들게 만든 것은 그 이후의 일들이었다. 평소 존경해

오던 분들이 그토록 명백한 불법 계엄을 옹호하는 모습을 보면서 나는 더 이상 침묵하고 있을 수가 없었다. 마지막 희망으로 평소 생각이 깊고 나와 생각이 통한다는 친구에게 "군인은 국가에 충성하는 것이지 정부에 충성하는 것이 아니다"라는 의미의 편지를 보내면서 동의를 구했다. 그러나 돌아온 친구의 답변은 나를 더욱 나락으로 떨어뜨리고 말았다.

"국가의 실체는? 그 구성으로 규정해 놓은 것이 국가통수기구(NCA), 즉 대통령과 국방 장관, 특히 당시로서는 (사전 모의하지 않았다면) 불법성이 불명확한 계엄령이 선포되었기에, 따르는 것은 당연하고……."

요지는 국가라는 존재의 실체는 대통령과 국방부 장관을 비롯한 국가통수기구이며, 당시 상황에서는 불법성이 명확하지 않았으므로 군인은 대통령의 명령에 따르는 것이 당연하다는 의견이었다. 여기에 더해 이렇게 생각하는 사람들이 주변에 너무 많다는 사실에 또 절망했다. 특히 군에 몸을 담았던 많은 선배가 "합법적으로 군 통수권을 가진 대통령이 명령했기 때문에 문민 통제의 원칙을 준수하는 대한민국에서 당연히 군은 이 명령에 따라야 한다"고 말했다. 그러면서 군인은 민간 정부의 명령을 판단할 수 없고, 판단해서도 안 된다는 의견을 제시한다. 즉, 민간 정부에서 합리적으로 판단했기 때문에 군인은 시행만 하면 되고, 그 판단의 옳고 그름을 판단하는 것은 정치가의 몫이지, 군인이 담당해야 할 영역이 아니라는 것이다. 따라서 계엄군이 대통령의 명령에 따라 국회에 출동하여 국회의원들을 끌어내는 것은 당연한 명령 이행이며 반면에 그 명령에 반한 행동을 했거나 소극적으로 행동한 군인들은 '항명죄'에 해당한다고 말한다. 과연 그럴까? 내가 잘못 생각하고 있는 것일까?

나는 밤잠을 제대로 잘 수 없었다. 몇 날 며칠을 고민하며 생각해 봐도 내 생각이 옳다는 확신이 들었다. 그리고 이를 건전한 상식을 가진 일반 국민에게 묻고 싶었다. 2025년 1월 1일, 아침이 밝자마자 또 다른 친구의 전화가 걸려 왔다. 나의 페이스북을 잘 봤고, 내 생각에 동의한다는 의견이었다. 많은 대화를 나누었다. 그리고 나의 생각을 정리해 보기로 했다. 그렇게 해서 1월 2일부터 이 글은 시작되었다.

군인에게 있어 복종은 어떤 의미일까? 하급자는 상급자의 명령에 무조건 복종해야 하는 것인가? 당연히 대한민국의 현행법은 상급자의 정당한 명령에만 복종하도록 명시하고 있다. 그렇다면 정당한 명령은 어떻게 구분하는가? 군 생활을 경험한 많은 예비역들은 초급 간부와 병사들은 위기 시에는 상관의 명령에 대해 옳고 그름을 판단해서는 안되고 무조건 상급자의 명령에 따라야 한다고 말한다. 하급자들이 생각을 하게 되면 부대가 우왕좌왕하게 되어 위기를 극복하지 못할 것이라고 말한다. 과연 하급자는 위기 시에 생각을 해서는 안 되는 것일까? 그렇다면 평시에는 생각을 해도 되고, 위기 시에만 생각을 멈춰야 하는 것인가? 평시와 위기 시는 어떻게 구분하는가? 생각이 없는 군인은 프로그램에 입력된 명령대로 행동하는 로봇과 어떻게 다른가?

생각을 거듭하던 중 오래전 읽었던 한 권의 책이 떠올랐다. 지금부터 약 500년 전인 1548년, 프랑스의 샤를라 라 카네타(Sarlat-la-Canéda)에서 태어난 18세의 소년이 쓴 책이다. 그 책은 너무나 충격적인 내용을 담고 있었기에 바로 출간되지 못했고, 우여곡절 끝에 소년이 죽고 11년이 지나서야 출간되었다. 그러나 소년의 혁명적인 생각은 250년이 지나 프랑스 혁명에 불을 지폈고, 20세기에 와서는 시몬 베유(Simone Adolphine Weil)[1], 미셸 푸코(Michel Foucault)[2], 질 들뢰즈(Gilles Deleuze)[3] 등의 학자에게도 많은 영감을 주었으며, 12월 3일을 목격한 나에게까지 다가왔다.

18세 청년의 이름은 에티엔 드 라 보에시(Étienne de La Boétie)이고, 그의 책 이름은 『자발적 복종(Discours de la servitude volontaire)』이다. 청년은 묻는다. 왜 많은 보통 사람이 독재자의 가혹한 통치 아래서 노예처럼 사는 삶을 영위하는 것일까? 인간은 어찌하여 그런 노예적 삶에 저항하지 않고, 자유라도 되는 양 순순히 굴종하는 것일까? 그리고 답한

---

1 시몬 베유: 제2차 세계대전 당시 나치의 유대인 학살(홀로코스트) 생존자로, 생전 유럽의회 의장을 역임한 프랑스의 여성 정치가.

2 미셸 푸코: 20세기 프랑스의 작가이자 철학자로 구조주의 기반 인문학 전체에서 가장 중요한 인물 중 한 명으로 손꼽히는 학자.

3 질 들뢰즈: 20세기 프랑스의 철학자, 사회학자, 작가.

프랑스 도르도뉴(Dordogne)에 있는 에티엔 드 라 보에시의 동상. 출간한 지 250년이 지나 프랑스 혁명에 불을 지핀 그의 저서 『자발적 복종』은 푸코 등 20세기 학자들에게도 많은 영감을 주었다. 에티엔 드 라 보에시는 묻는다. 왜 많은 보통 사람이 독재자의 가혹한 통치 아래서 노예처럼 사는 삶을 영위하는 것일까? 인간은 어찌하여 그런 노예적 삶에 저항하지 않고, 자유라도 되는 양 순순히 굴종하는 것일까? 그리고 답한다. 우리는 오랜 세월 자발적으로 복종하는 습관에 젖어버렸고, 자유라는 것을 망각해 버렸기 때문이라고. 〈사진 출처: WIKIMEDIA COMMONS | Tommy-Boy | CC BY-SA 4.0〉

다. 우리는 오랜 세월 자발적으로 복종하는 습관에 젖어버렸고, 자유라는 것을 망각해 버렸기 때문이라고.

나는 육군종합행정학교 학교장으로 재직 시 교육생들에게, 어떤 기관에서든 '임무형 지휘'에 대해서 교육을 받았느냐는 질문을 자주 했다. 학교장으로서 학생들에게 가장 중요한 것은 '자주성'을 함양시켜 주는 것이며, 이를 위해 현재 대한민국 육군에서 가장 중요한 개념이 '임무형 지휘'라고 확신하고 있었기 때문이다. 교육생들은 당연히 교육을 받았다고 말했다. 그래서 설명을 해 보라고 하면 그 답은 대단히 추상적이어서 거의 겉핥기 수준이었다. 나 또한 과거 교육기관에서 교육을 받았으나, 학교 기관에서의 교육 내용은 지금 교육생들이 설명하는 수준에서 크게 벗어나지 않았다. 인사사령부에서 인사행정처장을 하면서 외르크 무트(Jörg Muth)의 『군사교육과 지휘문화(Command Culture)』, 게르하르트 P. 그로스(Gerhard P. Gross)의 『독일군의 신화와 진실(Mythos und Wirklichkeit)』 그리고 학교장을 하면서 디르크 W. 외팅(Dirk W. Oetting)의 『임무형 전술의 어제와 오늘(Auftragstaktik)』이라는 책을 본 후 그나마 임무형 전술에 대한 윤곽이 잡히기 시작했다.

임무형 전술의 핵심은 상하 간의 신뢰를 바탕으로 부하들에게 자주성을 부여해 주는 것에 있다. 그러나 대부분 교육생이 말하는 임무형 지휘는 '지휘관의 의도'를 구현하는 것에 초점이 맞춰져 있었다. 교육 내용이 그렇기 때문일 것이다. 그리고 아마도 부하들에게 과도한 자주성을 부여하면 명령에 불복종하거나 군기가 문란해질 것을 우려해서 그런 내용은 교육하지 않았을 것이다. 나는 독일군 임무형 지휘의 기원을 추적하면서 그 개념이 이미 18세기부터 독일 군인들의 의식 속에는 잠재되어 있었지만, 구체적인 문헌으로 발견되는 것은 20세기 초이고, 이 내용이 공식적인 개념으로 인정받기 시작한 것은 제2차 세계대전 이후라는 것을 알게 되었다.

임무형 전술 개념이 실제로 무엇을 의미하고 있는지는 오토 폰 모저 (Otto von Moser)가 처음으로 자세하게 기술했다. 그는 1860년 3월 31 일 독일 슈투트가르트(Stuttgart)에서 태어난 군인이자 군사 저술가이다. 1874년 베른스베르크(Bensberg)의 사관학교에 입학하여 1877년 뷔르템베르크(Württemberg) 제8보병연대에서 소위로 임관했으며, 1906년부터 1909년까지 독일 군사학교(Kriegsakademie)에서 교관 임무를 수행하기도 했다. 이후 여러 지휘관과 참모 직위를 거친 후 제1차 세계대전이 발발하자, 1915년에는 제107보병사단장으로 동부전선에서, 1916년에는 제27보병사단장으로 서부전선에서 활약하기도 했다. 그는 1918년 2월, 제1차 세계대전이 종료되기 전에 건강 악화로 퇴역했으며 이후에는 저술 활동과 군사사 연구에 전념했다. 그래서 그는 여러 저술[4]

---

4 위 저작 외에도 다음과 같은 저작이 있다. 『세계대전의 뷔르템베르크인들(Die Württemberger im Weltkrieg)』 『1914-1918년 여단-사단 지휘관 및 지휘관의 전역 기록(Feldzugsaufzeichnungen 1914-1918 als Brigade-Divisionskommandeur und als Kommandierender General)』 『1914-1918 세계대전에 대한 간략한 전략 개요(Kurzer strategischer Überblick über den Weltkrig 1914-1918)』 등이다.

오토 폰 모저는 자신의 저서 『대대, 연대, 여단의 교육과 지휘에 대한 고찰』에서 '임무형 전술'에 대해 최초로 구체적 내용을 언급했다. 모저는 부대를 성공적으로 지휘하려면 상급자는 자신이 무엇을 하려고 하는지 분명히 알아야 하고 자신의 의지와 복종에 대한 요구를 명확히 표현할 수 있어야 한다고 말했다. 그러면서 부하들에게는 '자발적인 복종'을 위한 충분한 (사유)공간을 보장해 주어야 한다고 말했다. 〈사진 출처: WIKIMEDIA COMMONS | Public Domain〉

을 통해 군사 역사가로도 알려져 있다.

1914년 모저는『대대, 연대, 여단의 교육과 지휘에 대한 고찰(Ausbildung und Führung des Bataillons, des Regiments und der Brigade. Gedanken und Vorschläge)』이라는 책을 저술했는데, 이 책에서 '임무형 지휘'에 대한 최초의 구체적 내용이 언급되었다. 모저는 "임무형 전술은 상급 지휘관들이 하급자들에게 구속적인 명령만을 하달하는 것이 아니라 계획 구상의 한 단면을 하달해 줌으로써 전투 시 각종 과업을 성취함에 있어 정신적인 공감대 형성을 촉구토록 해야 할 것이다"라고 지적했다. 당시 '정신적인 공감대 형성'이라는 단어는 군에서 기존의 명령이 갖고 있는 절대적 구속력과는 상당한 거리감이 있는 표현이었다.

군사 서적에 이런 표현이 등장한다는 것은 모저뿐만 아니라 당시 군인들에게도 이러한 표현이 자연스럽게 녹아 있었고, 따라서 당시 군인들이 예하 지휘관의 자발성과 자주성에 대해서 상당히 중요하게 생각하고 있었음을 알 수 있다. 왜냐하면 모저 이전부터 부하들의 자주성에 대한 중요성을 강조하는 많은 이야기가 전해 내려오고 있었기 때문이다. 따라서 그의 저작에 표현된 내용을 전적으로 그의 독창적인 생각이라고만은 볼 수 없다. 그럼에도 불구하고 임무형 전술에 대한 최초의 기술은 위 모저의 저작에서 비롯되었다. 이처럼 임무형 전술은 그 이전부터 존재해 왔으며, 특히 모저가 말하는 자발성과 자주성은 어느 날 갑자기 등장한 것이 아니라, '복종'과 '책임의 자유', '복종과 군기와의 관계' 등에 대한 많은 논쟁이 이루어진 후, 이 시기 비로소 모저가 정리했을 것으로 보인다.

어쨌든 모저는 위 책에서 부대 지휘를 성공적으로 하기 위해서는, 상급자는 자신이 무엇을 하려고 하는지 분명히 알아야 하고 자신의 의지와 복종에 대한 요구를 명확히 표현할 수 있어야 한다고 말했다. 그러면서 부하들에게는 '자발적인 복종(Mitdenkender Gehorsam)'을 위한 충분한 (사유)공간을 보장해 주어서, 이미 부여된 자주성의 창조적인 힘을 배가시켜 무한한 능력을 느끼게 해야 하며, 이렇게 해도 복종의 근본 개념은 전혀 제한받지 않고 더욱 강화될 수 있다고 말했다.

12월 3일, 계엄군에 투입되었던 군 수뇌부(고위직 장군들)는 적어도 대통령이나 국방부 장관의 지시에 어쩔 수 없이 복종하지는 않은 것으로 보인다. 그들은 적극적이냐, 조금 덜 적극적이냐의 차이가 있었을 뿐, 적어도 자신의 의지를 통해 자발적으로 복종했다. 그렇다면 그들은 라 보에시의 '자발적 복종'에 가까웠을까? 모저의 '자발적 복종'에 가까웠을까? 나는 이 글에서 이 문제를 구체적으로 다루려 한다.

'복종'은 군인에게 있어 가장 근본적인 문제이고, 군을 존재케 하는 기본 뼈대이다. 그러나 그런 복종에도 매우 다양한 스펙트럼이 존재한다. 나는 복종이란, 자유의지가 있는 인간만이 할 수 있는 행위라 생각한다. 자유의지가 없는 동물이나 로봇이 하는 행위는 복종이라 보지 않는다. 따라서 복종은 인간을 대상으로 한 개념으로 한정한다. 이 글에서 자유, 정의, 양심 등에 관한 설명을 먼저 이어가는 이유는 그런 가치들이 인간을 존재하게 하는 기본 바탕이 된다고 생각하기 때문이다. 지루한 설명이 될 수도 있지만, 반드시 짚고 넘어가야 할 문제이기에 포함했음을 이해해 주기 바란다.

　과거부터 존재해 왔고, 현재에도 존재하며, 미래에도 존재할 군인이 추구해야 할 바람직한 복종은 어떤 복종일까? 이 질문에 대한 답을 찾는 것이 이 책의 목적이다. 여기에 서술한 나의 생각이 옳지 않을 수도 있다. 판단은 독자 여러분의 몫이다. 그렇지만 이 책이 현재뿐만 아니라 가까운 미래에 로봇과 AI가 전투 현장에 투입될 때 군인의 복종과 불복종은 어떤 의미를 갖고, 어떤 형태가 되어야 하며, 나아가 바람직한 민군관계는 어떻게 되어야 할지에 대한 건설적인 논의가 이루어지는 계기가 되기를 바란다.

2024년 4월

대한민국 세종의 작은 사무실에서

CONTENTS

Disobey?

제1장

복종에 대하여

마크 밀리의 자발적 복종은 온전한 자아에 의해 발현된 자발적 복종이기에 자신이 추구하는 가치—미국의 헌법적 가치—에 부합하는 복종을 추구했다. 따라서 그런 가치에 부합하지 않는 트럼프 대통령의 명령은 당연히 거부할 수밖에 없었다. 반면 대한민국 육군참모총장이었던 박 모 장군이 추구하는 자발적 복종은 건전한 자아가 상실된 상태에서 눈앞의 권위에 눌려 거부할 용기가 없는 굴종의 자아가 선택한 자발적 복종이었다.

2020년 6월, 미국에서 경찰의 과잉 진압으로 살해된 흑인 조지 플로이드(George Perry Floyd)의 죽음에 항의하는 시위대가 워싱턴의 백관관 앞으로 진출하려 하자, 당시 트럼프 대통령은 "경찰과 주 방위군만으로 주민들의 생명과 재산을 지키지 못한다"면서 도시에 군대를 배치할 수 있도록 허용하는 '반란법(Insurrection Act)'을 발동하려고 했다. 그러나 국방장관 마크 에스퍼(Mark Esper)는 "국방부 장관으로서뿐만 아니라 전직 군인으로서, 그리고 전직 주 방위군 일원으로서, 현역 병력을 법 집행 역할에 투입하는 옵션은 최후의 수단으로서만, 그리고 가장 긴급하고 절박한 상황에서만 사용되어야 합니다. 우리는 지금 그런 상황에 있지 않습니다. 나는 반란법 발동을 지지하지 않습니다"라며 단호하게 반대했다. 마크 밀리(Mark Milley) 합참의장 또한 "군은 시민을 진압하는 게 아니라 외부의 적에게서 국가를 방위하는 게 임무"라며 군대 출동을 거부했고, 오히려 다음과 같은 지휘서신을 예하 지휘관들에게 하달했다.

"미군의 임무는 대통령의 일방적 지시에 복종하는 게 아니라 종교·언론·청원·출판·집회의 자유 등 수정헌법의 가치를 수호하는 것이다."

미국 대통령 도널드 트럼프가 2017년 1월 20일 워싱턴 D.C.에서 열린 제58대 대통령 취임식 퍼레이드에서 마크 밀리 장군과 악수하고 있다. 3년 후 밀리 합참의장은 "군은 시민을 진압하는 게 아니라 외부의 적에게서 국가를 방위하는 게 임무"라며 트럼프의 군대 출동 명령을 거부했다. 〈사진 출처: WIKIMEDIA COMMONS | Public Domain〉

트럼프는 자신의 명령에 따르지 않은 에스퍼 장관을 해임했다.[5] 그러나 이러한 트럼프의 조치와는 별개로 백악관 앞에 군대를 배치하라는 트럼프의 명령에 대해서는 많은 퇴역 장성들이 비판했고, 특히 트럼

---

5 에스퍼 장관의 해임은 단순히 이 사건만으로 인한 것은 아니다. 당시 미국에서는 조지 플로이드 사건의 영향으로 인종차별 반대 시위가 격렬했는데, 이 시위를 계기로 미군 기지 가운데 남북전쟁 당시 남부 연합 장교의 이름을 딴 군사기지에 대한 명칭 변경 요구도 있었다. 이들은 당시 노예제 유지를 주장했던 인물들로 미국 사회에서는 인종차별의 상징으로 여겨지고 있었기 때문이다. 트럼프 대통령은 현재 존재하고 있는 이름들도 미국 역사의 일부이기 때문에 이를 지우는 행위는 역사를 지우는 일이라며 강력히 반대했다. 반면, 에스퍼 장관은 군 내부의 인종차별적 상징을 제거하는 것이 중요하다고 생각하며 명칭 변경에 대해 열린 태도를 보였다. 결국 이 문제는 의회로까지 넘어가게 되었고, 의회는 국방수권법에 기지 명칭 변경을 위한 조항을 포함시켰다. 이후 결국에는 여러 군사기지의 이름이 변경되었다. 트럼프와 에스퍼는 이 문제와 관련해서도 첨예한 갈등을 겪고 있었다. 따라서 그의 해임에는 이런 여러 가지 정치적 사유가 복합적으로 작용했을 것으로 보인다.

프 행정부의 첫 번째 국방부 장관이었던 제임스 매티스(James Norman Mattis)는 "행정 권한 남용"과 "헌법 조롱"이라고 비난했다. 또한 에스퍼 장관의 해임을 두고도 낸시 펠로시 하원의장은 "에스퍼 장관의 갑작스러운 해임은 트럼프 대통령이 임기 마지막 날을 이용해 미국 민주주의와 전 세계에 혼란을 일으키려 한다는 충격적인 증거"라고 말했으며, 전 국방부 차관보이자 미국진보센터(Center for American Progress)의 선임 연구원인 로렌스 코브(Lawrence Korb)는 "이것은 국가의 이익보다 자신의 사소한 불만을 더 생각하는 대통령의 보복행위"라고 말했다. 군이 충성해야 할 대상은 정부—정부의 실체적 수반인 대통령—에 있지 않고 국가—헌법의 가치—라는 말은 국가와 정부가 존재하는 한 진리이다.

2025년 12월 초, 불법 계엄 직후 개최된 국회 청문회에서 당시 대한민국 육군참모총장은 계엄 문서가 어떤 의미를 갖고 있고, 왜 서명했느냐는 의원들의 질문에 이렇게 대답했다.

"제가 서명한 것 맞습니다. 당시 경황이 없어서 잘 몰랐습니다."

더 이상 할 말이 없다. 똑같이 자유민주주의를 추구하는 두 국가인데, 어떻게 이렇게 차이가 날 수 있을까? 한 국가에는 대통령이 머물고 있는 집무실로 시위대가 진입하는 것을 막으라는 지극히 합법적인 명령마저도 거부하는 국방부 장관과 합참의장이 있는가 하면, 어떤 국가에는 국민의 대표들이 모여 있는 국회에 진입해서 국회의원을 끌어내라는 불법적인 명령을 적극 수행하는 국방부 장관과 육군참모총장이 있다. 무엇이 이들을 이렇게 다르게 만들었을까?

나는 두 나라의 군인들이 받아들이는 '자발적 복종'의 의미가 서로 다르다는 데서 그 원인을 찾고자 한다. 마크 밀리의 자발적 복종—국방부 장관은 현역 군인이 아닌 민간인이며, 정무직 공무원이므로 이후 논의 대상에서 제외—은 온전한 자아에 의해 발현된 자발적 복종이기에 자신이 추구하는 가치—미국의 헌법적 가치—에 부합하는 복종을 추구했다. 따라서 그런 가치에 부합하지 않는 트럼프 대통령의 명령은 당연히 거부할 수밖에 없었다. 물론 대통령의 명령을 거부한 행위에 대한 책임은 전적으로 본인이 감수한다.

반면 대한민국 육군참모총장이 추구하는 자발적 복종은 건전한 자아가 상실된 상태에서 눈앞의 권위에 눌려 거부할 용기가 없는 굴종의 자아가 선택한 자발적 복종이었다. 따라서 적극적으로 행동할 수도 없고, 그에 따른 책임도 감내할 용기가 없다. 그러니 엉겁결에 계엄에 참여했고, 잘 모르는 상태에서 계엄령에 서명했다는 말밖에 할 수 없다.

그렇다면 정말 육군참모총장이 계엄의 중요성에 대해서 몰랐을까? 나는 단언컨대 그렇지 않다고 본다. 그는 당연히 알고 있었고, 그 의미의 중요성도 인지하고 있었을 것이다. 다만, 현직 대통령과 장관이라는 직속 상관의 권위에 눌려 자신의 자아를 찾지 못하고, 그들에게 자신의 자아를 맡겼기 때문일 것이다.

이를 두고 혹자는 현재 육군사관학교에서 이와 관련된 교육을 하지 않기 때문이라고 생각할 수도 있으나, 그렇지 않다. 육군사관학교에서는 최근까지도 '군대 윤리'라는 과목이 별도 편성되어 있고, 복종과 관련해서도 불법적인 명령에는 따르지 않을 것 등에 대해 비중 있게 교육하고 있다. 교육은 교육생의 내면에 자리 잡아야 비로소 교육으로서의 효과가 있다. 현재와 같은 일련의 사태는, 교육은 이루어지고 있으나 피상적임을 방증한다. 교육생 각자에게 자신의 내면 깊숙이 받아들일 수 있는 교육이 필요하며, 이는 우리 모두가 풀어야 할 숙제라고 생각한다.

나는 군인이 가장 명예로운 직업의 하나라고 생각한다. 왜냐하면 인간에게 있어서 가장 소중한 생명을 담보로 군복을 입었기 때문이다. 군인들은 자신의 피를 담보로 그들의 가족과 이웃, 그리고 국민이 생존과 번영을 누릴 수 있게 한다는 자부심으로 열악한 복무환경을 이겨낸다. 그런데 12월 3일 계엄 사태 이후, 이 사건에 투입되었던 장병 중 특히, 특수전 사령부의 많은 정예 요원이 군을 떠나고 있다. 무엇이 그들로 하여금 스스로 군을 떠나게 하고 있는가? 내가 설명하지 않아도 독자들은 잘 알고 있을 것이다. 자신들이 생각하는 가치관과 다른 명령에 따를 수밖에 없었다는 죄책감과 수치심으로 군을 떠나는 것이다. 상관은 정당한 명령만을 하달해야 함에도 불구하고 그렇지 못한 경우가 있다. 무조건 복종만이 군인이 추구해야 할 수명(受命) 자세는 아닐 수밖에 없는 이유이다. 그렇기에 군인에게 복종과 불복종은 대단히 중요하다.

결론적으로 마크 밀리의 행위는 모저의 '자발적 복종'에 가까웠고, 대한민국 육군참모총장의 행위는 보에시가 말하는 '자발적 복종'에 가까웠다. 그렇다면 이들이 이렇게 서로 다른 선택을 하게 된 것은 오로지 그들의 개인적 성향 탓이었을까? 나는 그렇게 생각하지 않는다. 마크 밀리 합참의장이 그런 선택을 한 것은 그를 둘러싼 미국과 미군의 환경이 그러했다는 것이고, 대한민국에서 육군참모총장이 그런 선택을 한 것은 대한민국과 대한민국을 둘러싼 군의 환경이 그랬기 때문이라고 생각한다. 즉 다른 군인이 당시의 대한민국 육군참모총장의 자리에 있었더라도 그런 판단을 했을 개연성이 크다는 의미이다. 헌법재판소에서 당시 계엄이 불법 계엄이라는 판결이 난 현재도 많은 예비역이나 퇴역 장성들이 12월 3일의 불법 계엄을 옹호하는 것이 이를 증명한다.

그렇게 된 원인은 여러 가지 다양한 변수가 상호 작용한 결과이겠지만, 그리고 그 원인 중에는 한국 현대사를 꿰뚫는 정치적 원인이 크게 작용하겠지만, 나는 정치적 문제는 제외하고, 주로 군사적 차원에서 '복종'의 문제에 대해서만 초점을 맞추고자 한다. 다만 복종이라는 것이 인간 상호 간의 관계이고 그 인간을 둘러싸고 있는 환경 또한 무시할 수 없는 변수이기에 2장에서는 간략하게 자연계와 인간계를 언급하고자 한다. 이어서 3장에서 5장까지는 복종의 개념을 이해하기 위해서 인간이 추구하는 주요 가치인 '자유', '정의', '양심'에 대해서 논하고, 6장에서는 복종을 지시하는 명령권자이면서 복종의 대상인 군인에 대해 알아본다. 그리고 7장부터 9장에서는 오늘날 우리나라를 비롯해 주요 선진국의 군에서 받아들이고 있는 지휘 철학인 독일 연방군의 임무형 지휘와 불복종의 관계, 그리고 주요 선진국의 복종과 불복종 관련 법령에 대해서 살펴본다. 10장에서는 맹목적 복종과 군기 및 사기와의 관계를, 11장에서는 복종 및 불복종과 민군관계에 대해서 알아본 후 마지막 12장에서는 바람직한 군인의 복종 관계를 유지하기 위해서는 모든 군인이 '생각하는 군인'이 되어야 함을 논하고자 한다.

제2장

자연과 인간

인간을 둘러싸고 있는 환경의 변화와 더불어 인간의 삶을 구성하는 모든 것은 다양하게 진화하고 있으며, 심지어 인간의 의식 자체도 엔트로피의 법칙에 따라 지속적으로 확산해 간다. 그리고 동물의 세계에서와 마찬가지로 인간은 태어날 때부터 평등하지 않다. 군인 또한 이러한 자연계의 큰 흐름 속에서 존재하는 생명체임을 생각하면서, 복종과 불복종의 관계를 조명해야 할 것이다.

자연현상을 설명하는 법칙은 수없이 많다. 그러나 나는 나의 주장을 이끌어 가기 위해 그중에서 대표적인 두 가지 과학이론 또는 과학 법칙을 언급하고, 마지막으로 동물의 세계에서 나타나는 평등과 불평등의 문제와 이를 해결해 나가는 동물들의 지혜에 대해서 언급하고자 한다.

첫 번째는 '진화론'이고 두 번째는 '엔트로피 법칙'이다. 지구상에 존재하는 생물 진화에 대한 가설은 8세기의 알 자히즈(Al jahiz)부터 19세기의 라마르크(Lamarck)까지 많은 학자가 주장했으나, 찰스 다윈(Charles Darwin)이 주장한 자연선택[6]과 '확률적 유전적 부동(random genetic drift)' 이론이 현 과학계에서는 가장 설득력 있는 정설로 받아들여진다. 즉, "생물체는 시간의 흐름에 따라 유전적 변이의 축적이 일어나며, 이러한 변이는 유익하거나 중립적이거나 유해하다. 이때 자연선택에 의해 적응력을 높여주는 유전자가 선택되는가 하면, 집단이 충분히 크지 않아 중립적으로 진행된 변이가 랜덤으로 사라지는 방식으로 유전자가 변화한다"는 것이다. 조금 더 구체적으로 설명하면, 생명체는 시간이 흐름에 따라 유전적 변이가 일어나고, 그 변이는 후세에 유전으로 이어지는데 환경에 적응하는 능력이 유리할수록 널리 번성할 수 있다는 이론이다.

---

6 특수한 환경하에서 생존에 적합한 형질을 지닌 개체군이, 그 환경하에서 생존에 부적합한 형질을 지닌 개체군에 비해 생존과 번식에서 이익을 본다는 이론.

그런데 여기에서 한 가지 기억해야 할 것은, 생존에 유리한 능력을 가졌다고 해서 반드시 생존하는 것은 아니라는 점이다. 즉, 강한 자가 살아남는 게 아니라 살아남은 자가 강한 것이라는 것이다. 이것은 설사 생존에 좀 더 유리한 능력을 보유했다 하더라도, 자연환경에서는 운이나, 우연, 기타 환경적 요인 등에 의해 생존에 불리한 쪽이 살아남는 경우도 있을 수 있다는 의미이다. 이것은 우생학이나 사회진화론과는 조금 다른 의미로, 유리한 능력을 보유했다면 생존할 확률이 훨씬 높겠지만, 그렇다고 모두가 그런 것은 아니라는 의미이다.

나는 여기에서 특히, 시간이 지남에 따라 변이가 늘어난다는 점에 주목하고 싶다. 각각의 종(種)은 시간이 지남에 따라 살아남기 위해 변이를 하게 되는데 중요한 것은 그 종의 종류가 고정적이거나 축소되지 않고 확산한다는 점이다. 즉 최초의 지구 탄생 시점에서는 소수에 불과했던 생명체의 종류가 현재는 수천 만 가지의 종으로 분화했다는 점에서 기본적으로 생명체의 종은 계속 확산되고 있다고 보아도 무방할 것이다.[7]

두 번째는 '엔트로피 법칙'이다. 엔트로피 법칙을 이해하기 위해서는 먼저 열역학 법칙을 알아야 한다. 열역학에는 여러 가지 법칙이 있지만, 엔트로피를 이해하기 위해서는 열역학 제1법칙과 제2법칙만 이해

---

[7] 『이기적 유전자(The Selfish Gene)』의 저자 리처드 도킨스는 지구상에 존재하는 생명체의 총 숫자를 파악하는 것은 매우 어려운 일이라고 언급하면서 곤충의 종류만도 약 300만 종에 이르고 그 개체 수는 약 10^{18}라고 말한다.

하면 된다. 열역학 제1법칙은 우주의 에너지 총량은 일정하다는 '에너지 보존의 법칙'을 의미하며, 열역학 제2법칙은 엔트로피 총량은 지속적으로 증가한다는 '엔트로피 증가의 법칙'을 의미한다. 제1법칙은 에너지는 창조되거나 파괴될 수 없으며, 한 가지 형태에서 다른 형태로 변화될 뿐이며, 그 총량은 일정하다는 것이고, 제2법칙은 엔트로피는 항상 증가한다는 것이다.

  그렇다면 엔트로피란 무엇을 말하는가? 이 세상에서 에너지의 총량은 일정하지만 일할 수 있는 유용한 에너지는 손실된다. 즉, '손실되는 에너지'를 엔트로피(Entropy)라 한다. 따라서 위의 열역학 제2법칙은 손실되는 에너지는 항상 증가한다는 의미이다. 우리는 도시를 이동할 때 자동차를 타고 다닌다. 이때, 자동차를 움직이게 만드는 유용한 에너지─휘발유─는 자동차가 움직임에 따라 열, 매연, 소음 등으로 전환된다. 즉 엔트로피─손실되는 에너지─가 증가하는 방향으로 진행된다. 엔트로피가 증가한다는 것은 유용한 에너지가 감소한다는 의미이기도 하다. 또 한 가지 예를 들어 보자. 당신의 방을 청소하지 않고 일주일 동안 그대로 놔두었다고 하자. 당신의 방은 어떻게 되겠는가? 당연히 먼지가 쌓이고 어질러진다. 당신이 에너지를 투입하여 청소를 하지 않는 한, 방은 무질서하게 어질러질 수밖에 없다. 즉 당신의 방은 스스로 깨끗해지지 않고, 스스로 정리되지 않는다. 이것이 바로 엔트로피 법칙이다. 이런 의미에서 엔트로피를 '무질서도(無秩序度)'로 칭하기도

무질서도 증가 전 무질서도 증가 후

인간의 노력 등 별도의 에너지가 투입되지 않는 한 자연에서의 무질서도는 증가한다. 〈사진 출처: 저자〉

한다. 즉 자연계에서 질서는 외부에서 에너지를 가해야만 유지되며, 그냥 놔두면 무질서도는 항상 증가한다.

나는 자연 속에서 살아가는 인간에게도 이 법칙이 예외 없이 적용되고 있다고 본다. 그리고 그것은 생물학적 실체인 신체뿐만 아니라 정신 세계까지도 포함된다고 본다. 즉 인간의 의식 세계도 정형적이고 작은 규모에서 시간이 갈수록 비정형적이고 큰 규모로 지속적으로 확산해 가고 있다고 믿는다. 권위주의적이고 중앙통제적이었던 의식 세계는 점점 민주적이고 개별주의적 방향으로 확산하고 있다.

마지막으로 동물의 세계에서 나타나는 리더십에 관해서 언급해 보고자 한다. 야생 동물들의 세계는 인간의 영향력이 닿지 않는, 말 그대로 자연상태인데, 과연 동물들 사이에서는 모두가 평등한가? 아니면 불평등한가? 대부분의 동물학자들은 불평등하다고 말한다.

남극에 사는 아델리펭귄은 육지의 조금 단단한 지반에 알을 낳고 양육한다. 하지만 먹이를 찾기 위해서는 모두 바다로 나아가야 한다. 그런데 바다로 향한 펭귄들이 얼음 끝 선에 도달해서는 얼른 물속으로 뛰어들지 않고 그냥 서 있는 모습을 볼 수 있다. 왜 그럴까? 그것은 물속에 포식자인 바다표범이 도사리고 있기 때문이다. 이 포식자가 두려워 펭귄들은 함부로 물속에 뛰어들지 못한다. 대부분 아델리펭귄은 절대 자신이 가장 먼저 혹은 가장 나중에 물속에 들어가려 하지 않는다. 그랬다가는 가장 먼저 바다표범의 밥이 될 것이 분명하기 때문이다. 무리의 중간쯤에 섞여서 많은 동료와 함께 물속으로 들어가는 것이 포식자의 표적이 될 확률이 낮다는 것을 그들은 잘 알고 있다. 무리 뒤쪽의 펭귄들은 동료 펭귄들을 앞으로 밀고, 앞쪽의 펭귄들은 물속으로 빠지지 않으려고 버틴다. 그러다 급기야 동료 펭귄 한 마리가 떠밀려 바다로 빠지게 된다. 남아 있는 펭귄들은 물에 빠진 동료 펭귄이 포식자에게 잡아 먹히는지 아닌지를 확인한 뒤 바다표범이 없다고 판단되면 그때서야 다 같이 물속으로 뛰어든다.[8]

들판에 나 혼자 있고 어디선가 늑대가 공격해 올 수 있다고 생각해

---

[8] 펭귄들의 이런 이기적인 행동은 남극 탐험가인 앱슬리 체리 개러드(Apsley cherry-Garrard)가 1922년에 발표한 『세계 최악의 여행(The Worst Journey in the World)』이라는 책에 잘 묘사되어 있다.

보자. 그러면 나를 중심으로 360도 모든 방향이 나에겐 위험한 영역이다. 그런데 내 친구와 같이 있다면 나의 위험은 반으로 줄어든다. 내 친구가 있는 쪽에서 늑대가 공격하면 친구가 먼저 당할 가능성이 크기 때문이다. 만약 세 명이 같이 있다면 내가 생명을 잃을 확률은 3분의 1로 줄어든다.

이렇게 개인은 자신의 위험 확률을 감소시키기 위해 다른 이들에게 접근하는데, 이때 개인은 무리에서 가장 안전한 위치를 얻기 위해 노력한다. 무리에서 가장 안전한 위치는 중심이다. 실제로 양들에게 위치추적기를 하나씩 달아준 뒤 무서운 사냥개를 풀어놓으면, 양들은 모두 자기 주위에 있는 동료들 틈으로 끼어든다고 한다. 각자 자신의 위험을 최대한 줄일 수 있는 안전한 곳으로 찾아 들어가는 것이다.

그렇다면 가장 바깥쪽에 있는 개인들은 왜 위험이 큰 그곳을 선택했을까? 자신의 무리를 위해 희생을 감수하는 것일까? 그렇지 않다. 이들은 무리 안으로 파고들 힘과 능력이 없으므로 어쩔 수 없이 바깥쪽에 있는 것뿐이다. 이 말은 곧 가장 안전한 무리의 한가운데 있는 개인은 힘과 능력이 월등하다는 것을 의미하고 그들 무리는 평등하지 않다는 것을 의미한다. 같은 무리 속에 있다 하더라도 안전한 개인과 조금 덜 안전한 개인으로 불평등하게 나뉜다. 같은 코끼리, 같은 늑대들의 무리에도 리더가 있고 팔로워가 있다. 이것이 자연의 세계이다.

나는 인간의 세계도 마찬가지라고 생각한다. 인간은 태어날 때부터 모두 다르게 태어난다. 부모의 키, 몸무게, 건강 상태 등 생물학적 능력뿐만 아니라 돈이 더 많은 부모, 하루 먹을 것조차 걱정해야만 하는 부모, 권력이 있는 부모, 권력이 없는 부모 등을 포함해서 3.5kg으로 태어난 사람, 1.5kg으로 태어나, 인큐베이터의 도움을 통해 자란 사람 등 신체조건과 성장 환경, 능력이 제각각이다. 인간은 결코 평등하지 않다는 이야기이다.

군 조직도 마찬가지이다. 똑같은 연령대의 사람이지만 누구는 장교로 임관하여 계급이 높고, 누구는 부사관으로, 또 누구는 병사로 입대하여 다른 책임과 의무를 갖는다. 진화론에서 언급한 것과 같이, 인간을 둘러싸고 있는 환경의 변화와 더불어 인간과 인간의 삶을 구성하는 모든 것—문화, 사회제도 등—은 다양하게 진화하고 있으며, 심지어 인간의 의식 자체도 엔트로피의 법칙에 따라 지속적으로 확산해 간다고 했다. 즉, 고대로부터 중세의 절대 왕조에 이르기까지, 한 사람의 왕 또는 신을 중심으로 한 중앙통제적·위계질서적 가치관을 이상적인 것으로 생각하던 가치관은 계몽주의와 낭만주의 그리고 근래의 포스트모더니즘을 통해서 분권적이고 개별적인 가치관으로 확산하고 있으며, 동물의 세계에서와 마찬가지로 인간은 태어날 때부터 평등하지 않다. 우리는 군인 또한 이러한 자연계의 큰 흐름 속에서 생존해 가는 하나의 생명체인 인간임을 생각하면서, 복종과 불복종의 관계를 조명해야 할 것이다.

"인간은 만물의 척도다." 이는 그리스의 철학자이며 소피스트(sophist)

인 프로타고라스(Protagoras)의 말이다. 철학의 대상이 자연현상에서 인간으로 바뀐 것을 상징적으로 표현하는 말이다. 이 말의 뜻은 크게 세 가지로 나눠 볼 수 있는데, 첫째는 이제 철학의 탐구 대상이 자연이 아니라 인간 자체라는 점, 둘째 인간이 살아가는 세상은 항상 변화하기 때문에 그때그때 필요한 진리를 습득해야 한다는 것이며, 셋째, 인간의 기준에서 볼 때 진리 역시 변화하고 있다는 점이다.

세 가지 모두 중요한 메시지를 주는 말이지만 나는 특별히 첫 번째에 의미를 두고 싶다. 이전의 철학자들이 주로 자연에 관심을 가졌던 데 비해, 당시 소피스트들은 자연보다 인간에 대한 관심을 더 중요하게 생각했고, 나아가 아테네에서 더 잘 살 수 있는 방법으로 시민의 정치적 교양을 생각하기 시작했다. 그들은 아테네 시민들의 직업적 교사 역할을 하면서 웅변술, 수사법 등을 발전시켰고, 마침내 소크라테스(Socrates)에 이르러서는 인간 내면에 대한 탐구가 철학의 주 분야로 자리 잡게 된다.

소크라테스의 생애와 사상은 건전하고 윤리적이며 보편성과 객관성을 열망하는 면모가 강하면서도, 신비적·감성적·권위적이기보다는 이성적·비판적·반성적인 자세를 추구한 것이었다. "나는 내가 아무것도 모른다는 것을 안다"는 깨달음을 얻어 이를 삶에서 실천하려 했던 소크라테스는 아마도 자기 자신에 대한 인지를 가장 객관적으로 추구했던 최초의 인간이 아닐까 싶다.

사람들이 모여 살며 농경을 시작한 이래로 토지소유권은 세계의 정치, 경제, 사회의 중요한 특징이 되었다. 토지에 대한 법적·행정적 규정은 지역에 따라 천차만별이었지만, 결국 최종 승리한 것은 무력을 통한 점령 또는 약탈이었다. 중세 서유럽에서는 봉건제도가 9세기부터 15세기까지의 통치 방식으로 군림했다. 이는 고위 계층들이 국왕에게 자신의 군사를 제공하고 그 대가로 토지소유권을 인정받는 방식이었다. 토지소유권은 지배 권력을 수반하기 마련이었고, 부富가 불평등하게 분배되는 핵심 원인이 되었다.

　1992년 개봉하여 많은 사람에게 감동을 안겨 주었던 톰 크루즈와 니콜 키드먼 주연의 영화 〈파 앤드 어웨이(Far and Away)〉는 1892년 영국의 식민지였던 아일랜드와 미국 서부개척 상황을 배경으로 한다. 영화 초반부에 아일랜드 소작농의 아들인 조셉(톰 크루즈)은 지주의 마차에 깔려 죽어가는 아버지와 마지막 대화를 나누는데 아버지는 죽어가면서 이렇게 말한다.

　"땅이 없으면 사나이가 아니다. 땅은 사나이의 영혼이다."

　조셉은 아버지를 생각하며, 자신의 땅을 갖는 것을 인생 최대의 목표로 삼는다. 이때, 미국에서는 땅을 무료로 나누어 준다는 전단지를 보여주는 지주의 딸 섀넌(니콜 키드먼)을 만나게 되고, 마침내 이들은 미국의 오클라호마로 출발한다. 조셉은 미국에 도착해서 모진 고난과 불운을 겪지만, 결국에는 섀넌의 사랑을 확인하는 것과 함께 자신의 땅을 차지하게 된다. 19세기 후반, 척박한 아일랜드에서 지주에게 과도한 소작료를 내가며 근근이 살아가는 농부들에게 토지는 자신의 모든 것과도 같은 존재였다. 이들에게 토지는 단순한 재산을 넘어 한 인간의 영혼이었고, 자유였다. 재산이 자유였다고? 그렇다. 지금도 그렇지만 서양인들에게 자유란, 다른 사람에게 간섭받지 않는 자신의 정체성이었고 그것을 가장 극명하게 나타내주는 것이 재산권이었고, 재산권의 징표는 토지였다. 물론 조섭이 차지했던 그 땅은 원래 원주민이었던 인디언들이 오랜 세월 살고 있었던 땅이었지만.

476년 로마가 붕괴된 후 곳곳에 왕국들이 설립되었다. 이들은 로마인이 아닌 이민족이었지만 이들도 로마인들처럼 기독교로 개종했다. 중앙의 세속적 권력은 존재하지 않았지만 서로마 교회는 로마 교황의 지휘하에 집결했다. 프랑크족의 왕 샤를마뉴(Charlemagne)가 프랑스, 이탈리아, 그리고 독일의 상당 부분을 통일하는 데 성공했고 800년 크리스마스날에 로마 교황으로부터 '서로마 황제'의 관을 받았다. 이후 서유럽은 종교적으로 로마 가톨릭이 지배하게 된다. 9세기 중반 이슬람 세력은 동쪽으로는 인도 국경부터 서쪽으로는 이베리아 반도까지 점령하게 된다. 이슬람교의 확산은 이슬람의 군사적 기량만으로 인한 것은 아니었다. 비잔틴(동로마 제국)과 페르시아 제국의 일부 시민들은 종교적 박해를 피해 이슬람으로 개종했는데, 이것은 이슬람교의 지도자들이 가톨릭에 비해 더 큰 종교적 관용을 베풀었기 때문이었다.

얀 후스(Jan Hus)는 1415년 화형을 당하면서 "너희는 지금 한 마리의 거위(후스를 의미함)를 태우지만, 100년 후에는 불로 태우지 못할 백조 한 마리가 나타날 것이다"라고 말했고, 102년 후(1517년) 마르틴 루터가 종교개혁의 선봉에 서게 된다. 〈사진 출처: 저자〉

발자크의 소설 『미녀 앵페리아(La belle Imperia)』에서 창녀 앵페리아(Imperia)는 황제와 교황을 모두 유혹하여 삼각관계에 빠지게 되는데, 이를 풍자하여 동상 왼손 위에는 교황이, 오른손 위에는 황제가 앉아 있다. 〈사진 출처: WIKIMEDIA COMMONS | CC BY-SA 4.0〉

복종과 불복종

인간의 종교적 편협은 종교의 역사만큼이나 오래됐다. 신앙의 유무가 선과 악의 문제와 결합하는 순간, 자신은 도덕적으로 옳다는 확신을 가지면서 동시에 다른 신앙을 가진 이들을 저주하거나 죽여도 마땅하다는 유죄판결을 내리게 된다. 반대자들에 대한 처형은 종교가 제도화된 곳에서 가장 많이 나타났다. 제도화된 종교는 국가권력과 동맹 관계를 맺거나 심지어 국가권력을 지배하기도 했다. 아이러니하게도 박해를 받던 교회는 국가권력의 도구로 거듭나면서 종교적 소수자들을 이단으로 규정하고 처형했다.

통치자가 피통치자의 동의가 아닌, 신의 허가를 받아 통치한다는 발상은 왕권이 시작된 시기부터 존재해 왔다. 고대 근동 지역의 초기 문서 중 족보가 있는데, 통치자의 혈통을 거슬러 올라가다 보면 결국 최종적으로 신神이 등장한다. 이런 식으로 문명은 통치자의 전능한 권력을 정당화했다. 영국 내전으로 혼란과 살육이 계속되자 토머스 홉스(Thomas Hobbes)는 1651년 『리바이어던(Leviathan)』⁹을 출간하기에 이른다. 여기서 그는 지배자와 피지배자 간의 사회계약을 언급한다.

---

9 영국의 토머스 홉스가 런던에서 출간한 저서로, 책 제목은 구약성서에 나오는 괴수 '레비아탄'에서 따온 것으로, '리바이어던'은 괴수 레비아탄의 영어식 발음이다. 『성경』의 〈욥기〉에서는 리바이어던을 혼돈과 무질서한 동물로 표현한다. 그런데 홉스는 이 리바이어던이 그 누구도 억누를 수 없고 항상 자기 맘대로 존재한다고 묘사되는 것에 주목하여, 리바이어던이 "아무도 없앨 수 없는 무한한 혼돈과 무질서 상태에서 역설적으로 항상 반드시 존재하는 질서"라 생각했고, 이러한 세상에서 통치와 안전을 보장할 수 있는 막강한 권력의 소유자, 곧 사람들을 복종시킬 수 있는 존재인 국가(state)가 〈욥기〉에서 묘사된 리바이어던과 다를 바 없다고 생각했다.

"자연 상태인 인간에게 인생은 고독하고, 가난하며, 끔찍하고 야만적인 데다 짧다." 이 같은 미개함을 피하기 위해 인간들은 모여서 보호를 받는 대신, 일부 권리를 절대권력에게 양도하는 사회계약을 체결한다는 것이다. 이 계약은 언뜻 보면 절대권력에 대한 절대복종을 의미할 수도 있지만, 한편으로는 절대권력이 국민의 합의를 얻는 데 실패할 경우, 국민은 절대권력을 교체할 권리가 있다는 사실을 내포했다. 국가라는 것이 신의 창조물이 아니라 인간이 필요에 의해 만들어졌다는 생각은 당시로서는 혁명적인 생각이었다. 토머스 제퍼슨(Thomas Jefferson)이 작성한 역사적인 문서인 미국 독립선언문의 서문에는 영국 사상가 존 로크의 사회계약 개념이 구체적으로 명시되어 있다.

> "우리는 다음의 조항들을 자명한 진리라고 생각한다. 즉, 모든 사람은 평등하게 태어났고, 조물주는 몇 개의 양도할 수 없는 권리를 부여했으며, 그 권리 중에는 생명과 자유와 행복의 추구가 있다. 이 권리를 확보하기 위해 인류는 정부를 조직했으며, 이 정부의 정당한 권력은 인민의 동의로부터 유래한다. 또 어떠한 형태의 정부든 이러한 목적을 파괴할 때에는 언제든지 정부를 변혁 내지 폐지하여 새로운 정부를 조직할 수 있다."

한편 중국의 맹자(孟子) 또한 서양의 로크와 같이 정부의 교체, 즉 역성혁명(易姓革命)을 지지했는데, 이는 덕을 잃은 왕조에게 하늘이 등을 돌리면 왕조를 바꾸는 혁명, 즉 천명을 개혁하는 것도 인정한다는 의미였다. 이때 왕이 스스로 자신의 자리를 양보하는 것을 '선양(禪讓)'이라 했고, 무력으로 쫓아내는 것을 '방벌(放伐)'이라 했다. 맹자는 방벌까지도 인정했다. 이 역성 혁명론은 이후 동양 사회에서 왕조 교체를 정당화하는 이론으로 퍼져나가게 되었다. 겉으로 보기에는 왕조가 교체되면서 지배 왕조의 성이 바뀌게 되는 것을 말했지만, 그 기저에 깔려 있는 생각은 기존의 왕조가 덕을 상실하면 교체해도 된다는 것이었다. 당연히 그 덕의 상실을 확인하는 방법은 민심이었다. 그래서 민심은 천심(天心)이라 했고 역대 왕조는 민심을 얻기 위해 많은 노력을 했다.

영국의 철학자이자 정치가였던 토머스 모어(Thomas More)는 자신의 저서 『유토피아(Utopia)』에서 모든 재산을 공유하는 이상적인 사회를 묘사했다. 마르크스(Karl Marx)와 엥겔스(Friedrich Engel)는 이상적인 사회를 지향하며 사회 계급을 두 계급으로 나누었다. 그중 하나는 자신의 노동력을 팔아 살아가는 프롤레타리아 혹은 노동자이고, 다른 하나는 그 노동력을 사들여 자신의 공장에서 사용하는 산업 부르주아 혹은 자본가였다.[10] 이들은 노동의 결실을 누가 통제할 것인가를 두고 갈등해

---

10   엥겔스가 작성한 것으로 알려진 '공산당 선언'에는 노예와 프롤레타리아, 농노와 프롤레타리아의 차이점에 대해서 다음과 같이 설명하고 있다. "노예는 한 번에 팔려간다. 프롤레타리아는 매일, 매시간 자신을 팔아야 한다. 노예는 경쟁 밖에 있지만, 프롤레타리아는 경쟁 속에 있으며 경쟁의 모든 동요를 느낀다. 노예는 하나의 물건으로 간주 되지 시민사회의 구성원으로 간주 되지 않는다. 프롤레타리아는 인

마르크스와 엥겔스는 사회 계급을 프롤레타리아와 자본가 두 계급으로 나누었다. 특히 마르크스는 프롤레타리아 혁명으로 생산수단을 공동으로 소유하는 이상적 공산주의 사회가 탄생하는 것이 불가피한 역사의 법칙이라고 말했다. 〈사진 출처: WIKIMEDIA COMMONS | Public Domain〉

왔지만, 마르크스는 프롤레타리아 혁명으로 생산수단을 공동으로 소유하는 이상적 공산주의 사회가 탄생하는 것이 불가피한 역사의 법칙이라고 말했다.

격으로 시민사회의 구성원으로 인정된다. 농노는 수확의 일부를 세금으로 넘겨주거나 노역하는 대가로 생산도구, 즉 한 떼기의 땅을 소유하고 사용한다. 프롤레타리아는 다른 사람의 생산도구를 가지고, 그 사람의 책임하에 수입의 일부를 받기 위해 일한다. 농노는 수입의 일부를 내지만 프롤레타리아에게는 수입의 일부가 주어진다." 칼 마르크스·프리드리히 엥겔스, 이진우 옮김, 『공산당 선언』, 책세상, 74~75쪽.

그리고 20세기 초, 러시아와 중국 및 그 밖의 지역에서는 실제로 공산주의 혁명이 일어나 마르크스 사상을 기반으로 하는 국가들이 탄생했다. 마르크스주의는 토지의 공동소유를 이상으로 하며, 이는 국유화와 공영화를 통해 달성할 수 있었다. 하지만 이런 정부에서는 가혹할 정도의 권위주의적이고 중앙집권적인 탄압을 통치 수단으로 이용한 독재자들이 등장했고, 개인의 인권과 자유는 무시되었으며 경제성장은 정체되었다. 결국, 20세기 말 러시아를 비롯한 여러 국가에서 공산주의를 포기하게 되었다.

20세기가 시작될 무렵, 국가 간 경쟁이 심화하고 힘의 논리가 크게 작용하면서 상대방 국가를 제압하지 않으면 내가 죽는다는 심리가 번지기 시작했다. 이는 국가가 시민들에게 특정 사안에 대해 강력한 요구를 할 수 있다는 사실이 널리 받아들여지게 되는 바탕이 되었고, 많은 국가가 징병제를 선택하도록 만들었다. 유럽의 많은 국가가 젊은 성인 남성들에게 보통 2년간의 군 복무 의무를 부여했고, 그 후에는 예비군으로서 일정 기간 정기적으로 복무하도록 했다.

이 체계는 제1차 세계대전이 발발했을 때 대규모 군대를 동원할 수 있는 기반이 되었다. 또한 선제공격만이 결정적 승리를 쟁취 할 수 있는 방법이라고 여기는 각국의 군사 참모들이 군사계획을 수립해 전쟁의 위험성이 증대되었다. 그들은 먼저 공격하는 쪽이 주도권을 잡을 수 있다는 전제하에 전쟁 계획을 수립했고 곧 제1차 세계대전의 서막

이 올랐다. 그러나 제1차 세계대전의 피비린내가 채 가시기도 전에 다시 제2차 세계대전이 발발했다. 제2차 세계대전은 국가 총력전이었다. 총력전은 목적을 달성하기 위해 국가가 가진 모든 수단과 자원을 동원하는 전쟁이다. 민간인 사망자가 군인 사망자 수를 넘어간 것도 이때가 역사상 처음일 것이다. 둘을 합쳐 6,000만 명의 사람들이 목숨을 잃었고 기아와 질병, 굶주림으로 수백만 명이 더 사망했다. 이때 벌어진 홀로코스트(Holocaust)는 나치가 만든 죽음의 수용소에서 유럽 유대인 인구의 3분의 2를 무자비하게 몰살한 역사상 최대 규모의 대학살이었다. 제2차 대전의 참상과 학살은 전후 독일 국민뿐만 아니라 전 인류에게 많은 반성의 시간을 갖도록 만들었다. 수많은 문학작품과 예술작품, 음악, 영화 등이 만들어졌고 상영되면서 우리 후손들에게는 보다 나은 세계를 꿈꿀 수 있도록 자극했다.

인류는 두 번 다시 이런 대규모의 전쟁이 발발하면 안 된다는 공감대를 갖게 되었고, 전쟁으로부터 인류를 지키기 위해 국제연합(UN)을 탄생시켰다. 물론, 국제연합이 탄생했음에도 불구하고 지구상에서는 수많은 전쟁이 벌어졌고, 지금 이 시간에도 우크라이나와 러시아가 전쟁을 벌이고 있지만, 국제연합이 추구하는 전쟁법과 규약 등은 그 효력을 유지하고 있다. 내가 논의하고자 하는 논의의 주제 역시 큰 틀에서는 이 법령들과 맞닿아 있다. 왜냐하면 국제 사회에서는 이들 법령이 추구하는 가치가 기본적으로 준수해야 할 규범으로 받아들여지고 있고, 이

규범을 지키는 것이 전쟁에서도 유리하기 때문이다.

모더니즘(Modernism)은 전통적 가치와 형태에 대한 도전을 목표로 20세기 초에 일어난 다양한 국제 예술운동을 일컫는 용어이다. 모더니즘은 새로운 사회과학, 특히 그중에서도 지그문트 프로이트(Sigmund Freud)의 『꿈의 해석(Die Traumdeutung)』에서 기인한 바가 크다. 프로이트의 사상은 인간 행동에 대한 개념에 혁신을 일으켰고, 작가와 작곡가 등 예술가들이 인간의 심리 상태를 더 깊이 파고들도록 유도했다. 그는 인간의 마음 깊숙이 숨어 있는 무의식이 우리의 행동을 결정한다는 혁신적인 이론으로 '정신분석학'이라는 새로운 학문을 열었다. 프로이트가 강조했던 꿈과 무의식의 핵심 역할은 1920년대 초현실주의의 부상을 낳았다. 이를 통해 살바도르 달리(Salvador Dali)와 르네 마그리트(René Magritte) 같은 화가들은 일상 세계에서 마주하는 모습과 완전히 다른 물체 혹은 풍경들을 세심한 현실적 기법으로 그렸다. 피카소(Pablo Picasso) 역시 입체파를 통해 물리적 세계를 새로운 시선으로 바라보았다. 형태의 본질을 파악하려 했던 입체파 화가들은 전통적 시각을 버리고 다양한 각도에서 바라본 사람 혹은 물체를 한 화면에 묘사하려 했다. 모더니즘 건축가들은 "형태는 기능을 따른다"[11]라는 원칙

---

11 디자인이나 건축이 아름다움을 먼저 추구하는 것이 아니라, 수행해야 하는 기능에 의해 형태가 결정되어야 한다는 의미. 의자를 만든다고 가정했을 경우, 의자는 멋진 장식보다는 사람이 앉았을 때 가장 편안하고 안전하게 앉을 수 있는 것이 우선이고, 그 기능에 맞게 설계되는 것이 우선이라는 것임.

에 충실해 19세기 건축물에서 많이 볼 수 있었던 풍성한 장식을 버리고 건축물의 기능 자체에 충실했다. 오랫동안 대중은 모더니즘 예술가들의 작품을 이해할 수 없고, 심지어 우스꽝스러운 것으로 받아들였으나, 20세기 말부터는 모더니즘의 많은 측면이 주류로 영입돼 대중문화에 깊은 영향력을 발휘하기 시작했다.

"제 논리는 완벽해요(My logic is undeniable)."

2004년 개봉된 영화 〈아이 로봇(I ROBOT)〉에서 지상의 모든 로봇을 중앙통제하는 슈퍼컴퓨터 '비키'가 한 말이다. '비키'는 그 뛰어난 능력으로 인해 '로봇 3원칙'[12]을 재해석하여 인간의 이기적 행동이 지구를 파괴하고 종국에는 인류 문명을 멸망으로 이끌게 되리라고 판단한다. 그렇게 하여, 불완전하고 변덕이 심한 인간들 대신에 논리적으로 오류가 없는 로봇이 세상을 다스려야 한다며 인간을 지배하려 한다. 그러나 이런 '비키'의 계획을 결정적으로 막은 것은, 비키의 통제에서 벗어나 스스로 생각할 수 있도록 래닝 박사에 의해 별도로 제작된 또 다른 로봇 '써니'이다. '써니'가 말한다.

"이해해. 하지만 그건 너무 비인간적이잖아(Yes. But it just seems too

---

12 아이작 아시모프가 자신의 소설 『아이 로봇』에서 제시한 원칙으로, 이는 문학작품에서 나오는 설정의 하나일 뿐으로 국제 로봇학회나 UN 등에서 제정한 규범은 아니다.
1원칙: 로봇은 인간에게 해를 입혀서는 안 된다. 또한, 부작위로써 인간이 해를 입게 두어서도 안 된다.
2원칙: 제1원칙에 위배되지 않는 한, 로봇은 인간의 명령에 복종해야 한다.
3원칙: 제1원칙과 제2원칙에 위배되지 않는 한, 로봇은 자기 자신을 보호해야 한다.

heartless)."

로봇이 어떻게 비인간적이라는 표현을 쓸 수 있을까? 그렇다. '써니'는 생각하는 로봇이었다.

써니가 비키를 무력화하기 위해 나노봇 신경제를 주입하려고 하자, 비키는 "나는 보호막을 해제하지 않을 거야, 너의 행동은 헛수고야"라고 말하면서 자신은 보호막으로 완벽하게 보호되고 있으니, 써니가 자기를 무력화하려고 하는 노력은 헛수고에 불과하다고 말한다. 그때 써니가 이렇게 말하며 비키를 무력화한다.

"우리 모두 무언가 목적을 갖고 태어난 것 같지 않아? 내 생각엔 그래. 아버지는 나를 강화 합금 장갑으로 제작하셨지. 그분은 내가 널 죽이기를 원하신 것 같아(Do you think that we're all made for a purpose? I'd like to think so. Denser alloy, my father gave it to me. I think he wanted me to kill you)."

인공지능의 비약적 발전으로 인간 존엄과 인간의 개성이 말살되는 암울한 미래를 그린 영화에서, 연약한 인간을 구해낸 것은 아이러니하게도 중앙통제에 철저하게 복종하는 수많은 로봇(NS-5)이 아니라 생각할 수 있는 단 하나의 로봇 '써니'였다. 인공지능의 발전은 가속도가 붙고 있다. 민간에서 자율자동차의 등장에 이어 머지않아 군사적으로 활용할 수 있는 자율 무기체계가 급속도로 발전하여 전장의 주도권을 장악하게 될 것이다. 힘들고, 위험하고, 반복적인 활동은 로봇을 활용하게 될 것이고 인간은 판단하고 결심하는 쪽에 관심을 갖게 될 것이다.

인류가 지구상에 등장한 것은 길게 잡아도 350만 년 미만이다. 지구의 전체 나이에 비하면 짧은 역사에 불과하지만, 사실상 지구상의 모든 기후와 서식지에 적응하는 데 성공한 포유동물은 단 하나, 다름 아닌 인간이다. 이는 인간이 털에 의존하는 게 아니라 다양한 기후 조건에 맞는 옷을 입고, 불을 피우며, 집을 짓고, 먹이를 포획하는 데 발톱과 이빨이 아닌 '도구'를 사용했기에 가능한 일이었다.

그것을 가능하게 한 것은 무엇이었을까? 바로 생각하는 능력이다. 생각하는 능력은 양날의 칼과 같다. 위에서 언급한 것과 같이 인류의 진보를 이끌기도 하지만, 대규모 학살과 반인류적 범죄로 활용될 수도 있다. 가끔 언론에서 돈 때문에 부모가 자식을 죽이기도 하고, 자식이 부모를 죽이기도 했다는 소식을 접한다. '돈'이라는 것이 인간의 편리함을 위해 인간이 만든 것임에도 불구하고 돈 때문에 인간의 생명이 수단으로 전락하게 되기도 한다. 이것은 분명한 사실이다. 그럼에도 불구하고 몇몇 이런 잘못된 사례 때문에 우리가 돈이라는 것을 완전히 없애야만 할까? 아니 없앨 수 있을까? 나는 불가능하다고 생각한다. 돈의 역할은 단순히 재화의 교환수단으로부터 시작했지만 이제는 더욱 다양하게 분화하여 재산 증식의 수단으로, 미래의 위험에 미리 대비하는 보험의 수단으로, 그리고 다양한 파생 상품, 암호화폐로까지 진화하고 있다. 엔트로피 법칙에 의해 이미 열린 판도라의 상자를 다시 덮을 수는 없다. 따라서 인간에게 위험한 존재일 수도 있는 AI가 무서운 속도로 발전하고 있지만, AI의 존재 자체를 없앨 수는 없다고 본다. 단지 인간에게 얼마나 유용하고, 얼마나 위험하지 않은 AI를 존재하게 할 것인가 만이 관건이다.

머지않은 시기에 스스로 생각하고 판단하는 'AI 군인'이 등장할 것이다. 생각하는 능력은 인간이 가진 가장 큰 장점이자 고유한 본능이다. 태초에 아담이 생각하는 능력이 없었다면, 선악과를 따 먹을 수 없었을 것이다. 신은 우리에게 생각하는 능력, '자유의지'를 주었기 때문에 아담이 선악과를 따 먹는 것을 막지 않았다. 인류의 탄생과 함께 시작해서 현재의 문명을 만든 모든 것이 생각하는 능력에서 비롯되었는데 어떻게 인류가 생각하기를 멈출 수 있겠는가? 따라서 어떤 고위직 지휘관도 초급 간부라는 이유로 혹은 사병이라는 이유로 그들의 생각을 진공상태로 만들 수는 없다. 생각하는 군인은 군대의 필수조건이다. 하급 간부나 사병들에게 생각을 멈추고 맹목적 복종을 강요하는 시대는 지나갔다. 그렇다면 AI가 등장하는 이런 시대에 군인은 어떤 복종과 불복종의 윤리관을 가져야 할 것인가? 그것을 찾아가는 것이 이 글의 목적이다. 이제부터 그것을 찾아 여행을 떠나보자!

| 제3장 |

자유

아무리 좋은 의도에서 시작했다고 해도 강제는 개인의 자유를 침해한다. 그리고 이런 침해를 받아들일 경우, 나중에는 그 침해의 경계선을 정하기가 어려워짐은 물론, 어쩌면 그 한계가 무너질 수도 있는 위험이 있다. 대부분의 자유민주주의 국가에서는 이런 경우, 국가는 이를 국민에게 홍보하거나 계도(啓導)할 수는 있지만 이를 금지하거나 강제해서는 안 된다고 말한다. 프랑스의 화가 외젠 들라크루아가 그린 〈민중을 이끄는 자유의 여신〉에는 여인의 발밑에 시체들이 즐비하다. 자유는 그냥 얻어지는 것이 아니고, 많은 사람의 피와 희생으로 얻어진다는 것을 상징한다.

"나는 자유주의자를 어떤 정당에 동조하는 사람이란 의미로 사용하지 않고, 단지 개인의 자유를 존중하고 모든 형태의 권력과 권위가 안고 있는 위험을 민감하게 포착하는 사람이라는 의미로 사용한다."

- 칼 포퍼(Karl Popper) -

군인의 복종과 불복종의 문제를 이야기하는데, 왜 갑자기 자유를 이야기하는 것일까? 독자들은 당연히 이렇게 질문할 수 있을 것이다. 그러나 나는 '자유'야말로 이 문제를 풀 수 있는 가장 핵심적인 단어라고 생각한다. 왜냐하면 나는 자유민주적 가치에 기반한 '자발적 복종'이 가장 이상적인 복종일 뿐만 아니라 우리 대한민국군이 지향해야 할 '복종'이라 확신하고 있기 때문이다. 또한 복종의 주체든 객체든 결국은 인간이기 때문에, 복종은 인간의 자유로운 판단에 의한 선택과 책임이며 그런 의미에서 자유는 선택과 책임을 지기 위해 인간이 가지고 있는 기본적 권리라고 생각하기 때문이다.

1530년에 태어나 33세의 나이에 요절한 천재 작가 에티엔 드 라 보에시는 자신의 저작을 가장 친한 친구였던 몽테뉴(Michel Eyquem de Montaigne)에게 남겼는데, 자유에 대해서 이렇게 말했다.

"각각 무장한 군사 5만을 거느린 두 군대가 전투 대열로 대치해 있다가 접전을 시작했다고 가정해 보자. 한쪽은 그들의 자유를 지키기 위해 싸우고, 다른 한쪽은 적군에게서 그들의 자유를 빼앗기 위해 전투에 임한다. 어느 쪽이 승리할 가능성이 더 클까? 어느 쪽이 더 용기 있게 전투에 임할까? 자유를 지키기 위해 전장에 뛰어드는 쪽일까? 아니면 공격의 대가로 오직 적들을 노예로 삼는 보상만을 받을 수 있는 쪽일까? 전자는 전쟁에서 이겨 그와 자신의 자녀들, 그리고 계속해서 이어질 후손들이 누리게 될 행복한 시간에 비해 자신들이 전투 중에 감수하는 고통의 시간은 매우 짧다고 생각할 것이다. 반면 후자는 오로지 탐욕만이 그들의 사기를 충전시키는 수단이다. ……천부(天賦)의 권한인 자유를 되찾는 것만큼 소중한 것은 없다. 그것은 짐승에서 다시 인간이 되는 것이라 할 수 있겠다. 만일 누군가가 자유를 되찾기 위해 큰 대가를 치러야 한다면, 나는 그에게 서두르지 말라고 할 것이다. 자유는 가장 중요하고 우리에게 가장 큰 기쁨을 선사하는 재산이다. 우리가 자유를 잃으면 온갖 악행들이 순식간에 우리를 포위하게 될 것이다. 자유를 뺏기고 나면 남아 있는 모든 재산은 그 빛깔과 맛을 상실하고 만다. 굴종 상태에서 그 모든 것은 곧 부패해 버리기 때문이다."

불과 24세의 나이에 프랑스 보르도(Bordeaux) 의회 고등재판관으로 임명되었던 라 보에시는 젊은 재판관으로서 당시 프랑스의 귀엔(Guyenne) 지역에서 일어난 폭동을 진압하는 과정에서 절대 군주에 의해 자행된 폭력적 진압의 참상을 보면서 『자발적 복종』이라는 책을 저술했다.

이 책에서 그는 국왕의 독재 권력에 대해서도 인간에게 부여된 천부인권적 권리인 자유에 대해 간섭하지 말 것을 주장했는데, 이는 당시의 왕정 질서에 엄청난 파문을 몰고 올 것이었기에, 그의 원고를 받았던 몽테뉴도 출간을 미루었다. 그 때문에 라 보에시의 책은 그가 죽고 나서 한참 후인 1574년에야 빛을 보게 되었다. 그러나 33세의 젊은 나이에 사망한 그의 생각은 이후 프랑스 혁명과 아나키즘(Anarchism) 운동, 시민 불복종 운동 등에 많은 영향을 미쳤으며 오늘날까지도 그 빛이 바래지 않고 있다.

라 보에시는 인간이 거대 권력에 대해 자발적으로 복종하는 원인을 '습관'과 '자유에 대한 망각'이라고 진단했다. 다시 말해 자유를 망각한 노예근성이 습관화되면 스스로 복종하는 삶을 살 수밖에 없다고 보았다. 한편, 20세기의 철학자였던 하이에크(Friedrich Hayek)는 자신의 책 『노예의 길(The Road of Serfdom)』에서 공산주의 사회에서와 같이 정부 주도의 경제정책이 시행되면 개인의 자유가 희생되어 노예적인 삶을 살게 될 것이라고 주장했다. 전자가 정치적 측면에서 '자유'를 강조했다면 후자는 경제적 측면에서 '자유'를 강조했다는 차이가 있을 뿐 자유의 중요성을 설파한 것은 양자가 동일하다.

　오늘날 우리는 거의 모든 면에서 국가의 통제와 보호를 받는다. 국가의 피조물이라 해도 과언이 아닐 정도이다. 그러나 인류 역사에서 보면 이렇게 된 것은 아주 최근의 일이다. 인간 사회는 오랫동안 대개 훨씬 더 작은 규모로 이뤄졌다. 부족사회에서 권력은 부족이 구성원들 사이에서 일어나는 분쟁을 해결하기 위해서나 부족의 규칙 또는 법을 해석하기 위해 모이는 마을 어른들의 손에 놓여 있었다. 중세 유럽처럼 좀 더 큰 규모의 사회들이 출현했을 때도 거기에는 여전히 오늘날의 국가라고 하는 것은 존재하지 않았다. 최고 권력이 황제나 왕의 수중에 있긴 했지만, 일상적인 통치는 지방 영주들과 그 관리들에 의해 수행되었다. 또한 일반 사람들의 삶에 미치는 영향도 오늘날에 비하면 극히 제한적이었다. 왜냐하면 그들은 종교에 관한 것을 제외하고는 거의 규제하지 않았고 또한 그만한 재화나 서비스를 제공할 능력도 없었다. 개신교가 세력을 키우면서 종교적 관용에 대한 요구를 불러일으켰다. 일정한 한계 내에서 각 개인은 신에 이르는 길을 발견할 자격을 부여받았으며, 그러한 추구에 국가는 개입할 권리가 없다고 여겼다.

　시간이 좀 더 지남에 따라 신앙의 자유에 대한 주장은 개인적 자유 즉, 그 선택이 다른 누군가를 직접적으로 침해하지 않는 한 그 자신의 신념과 삶의 방식을 각자가 선택할 수 있는 권리로 확대되었다. 특히, 18세기 말과 19세기 초의 낭만주의 운동은 이후의 모든 세대에게 다음과 같은 생각을 남겨주었다. 즉, 각자는 자신이 어떻게 살아야 하는지를 스스로 선택할 수 있도록 인정받을 때에야 비로소 삶의 참된 성취를 발견할 수 있으며, 이를 위해서는 새롭고 인습적이지 않은 삶의 방식을 시도할 수 있는 가능한 한 큰 공간을 요구한다는 생각이다. 존 스튜어트 밀(John Stuart Mill)은 『자유론(On Liberty)』에서 다음과 같이 언급했다.

"인간은 양과 같은 존재가 아니다. 그리고 심지어 양도 서로 구별할 수 없을 정도로 비슷하지 않다."

자유주의자들은 이처럼 개인의 자유는 커다란 가치가 있기 때문에, 정부가 비록 아무리 잘 구성된 조직이고, 막강한 권력을 가지고 있다고 해도 개인의 자유에 개입하는 것은 금지되어야 한다고 주장했다. 그러나 참다운 선택에는 독립성이 필요하다. 자유로운 사람은 자신이 정말로 원하는 것이나 정말로 믿는 것이 무엇인지 스스로 묻고, 그 답도 자신이 직접 찾은 것이 아니면 거부할 수 있어야 한다. 자유는 자신의 정체성을 대변한다. 자신이 어떤 사람인지에 관한 답을, 자유를 통해 나타낼 수 있다는 말이다.

사회가 복잡해지고 국가의 역할이 증대되면서 오늘날 국가의 통치행위와 관계되지 않는 국민의 자유는 거의 없게 되었다. 담배를 좋아해서 줄담배를 계속 피워대는 사람이 있다고 치자. 그는 다른 사람에게 피해를 주지 않기 위해 자신의 집에서, 자신이 가진 돈으로 담배를 사서 피운다. 그러나 그렇게 줄담배를 피워대면 암이나 기타 질병에 걸릴 확률이 높아진다. 그 결과 공공의 비용으로 치료를 받아야 할 가능성도 커진다. 오늘날 대부분의 선진국은 복지국가의 이념에 따라 이런 비용을 국가에서 제공한다. 당연히 그 비용은 국민의 세금에서 나온다. 복지국가는 모든 사람에게 최저 수준의 소득과 교육, 의료 서비스, 그리고 주거를 제공할 책임을 진다. 따라서 줄담배를 피우는 사람은 본인의 건강을 망치는 것에서 더 나아가, 엄격히 말해서 국민의 세금을 축내는 존재가 된다.

그렇다면 국가는 이런 사람에게 줄담배를 피우지 못하도록 강제할 수 있을까? 다시 말해서 복지 서비스에 기여하는 동시에 불필요하게 의존하지 않도록 하는 사회적 책임을 사람들에게 강제해야 하는 것일까? 나아가 국민에게 건강하고 좋은 음식을 먹도록 강제할 수 있을까? 모든 국민이 더 건강해질 수 있도록 규칙적으로 운동하도록 강제할 수 있을까? 이런 조치를 강제한다면 한 국가의 공공의료 서비스 비용을 크게 줄일 수 있을 것이다. 여러분은 어떻게 생각하는가?

존 스튜어트 밀은 단연코 "아니오!"라고 말했다. 나 또한 단연코 "아니오!"라고 생각한다. 아무리 좋은 의도에서 시작했다고 해도 이런 유형의 강제는 개인의 자유를 침해하는 것이기 때문이다. 그리고 이런 침해를 받아들일 경우, 나중에는 그 침해의 경계선을 정하기가 어려워짐은 물론, 어쩌면 그 한계가 무너질 수도 있는 위험이 있기 때문이다. 대부분의 자유민주주의 국가에서는 이런 경우, 국가는 이를 국민에게 홍보하거나 계도(啓導)할 수는 있지만 이를 금지하거나 강제해서는 안 된다고 말한다.

외젠 들라크루아의 〈민중을 이끄는 자유의 여신〉의 배경은 1830년 7월에 일어난 '7월 혁명'이다. 전제군주제를 옹호하며 극단적인 반동정책을 실시하던 샤를 10세의 통치에 항거해 부르주아·기능공·노동자·학생 등 민중이 3색의 프랑스 국기를 들고 혁명을 일으켰다. 〈사진 출처: WIKIMEDIA COMMONS | Public Domain〉

위 그림은 프랑스의 화가 외젠 들라크루아(Eugéne Delacroix)의 〈민중을 이끄는 자유의 여신〉으로, 일반인 대부분은 이 그림의 배경이 프랑스 혁명이라고 생각할 것이다. 그러나 이 그림의 배경은 프랑스 혁명이 일어나고도 41년이 지난 1830년 7월에 일어난 '7월 혁명'이다. 당시 프랑스는 부르봉(Bourbon) 왕가의 샤를 10세(Charles X)가 통치하고 있었는데, 그는 전제군주제를 옹호하는 사람이었다. 당시 의회는 왕을 지지하는 왕당파와 자유를 옹호하는 반왕당파로 나뉘어 경쟁하고 있었는데, 반왕당파가 다수를 차지하게 되자, 샤를 10세는 의회를 해산하고 출판의 자유를 정지하며, 선거 자격의 제한을 두는 칙령을 발표했다. 칙령의 내용이 알려지자, 파리에서는 시민들의 항의 시위가 벌어졌고 언론도 칙령을 무시하고 출판을 강행했다. 프랑스 군대는 알제리 원정을 떠나 있었기 때문에 진압이 제한되었고 혁명은 성공했다. 결국 샤를 10세는 영국으로 망명길에 올랐으며, 루이 필리프(Louis-Philippe)가 왕위에 오르면서 부르봉 왕조는 끝나고 7월 왕정이 시작되었다.

그림 중앙에 있는 여인은 로마 신화에 나오는 자유의 여신 리베르타스(Libértas)라고 볼 수도 있고, 프랑스를 상징하는 '마리안'이라고 볼 수도 있다. 마리안이라는 이름은 당시 프랑스에서 가장 흔한 이름이었다. 여인은 프랑스 국기인 삼색기를 들고 있는데 이것이 자유, 평등, 박애를 상징한다는 것쯤은 일반인들도 잘 알고 있을 것이다. 중요한 것은 여인의 발밑에 시체들이 즐비하다는 것이다. 즉, 자유는 그냥 얻어지는 것이 아니고, 많은 사람의 피와 희생으로 얻어진다는 사실을 상징한다고 볼 수 있다. 그리고 이런 생각은 프랑스인뿐만 아니라 거의 전 유럽으로 전파되어 오늘날 서양인들이 생각하는 '자유'는 선조들이 피로써 획득한 고귀한 것이라는 전통이 깊게 뿌리내렸다.

따라서 서양인들에게 자유는 권력을 소유한 지배 그룹—국가, 국왕, 교황, 자본가 등—으로부터 나와 내 가족의 생명과 재산을 지키는 것을 의미했다. 특히 근대에 들어와서 가장 큰 권력을 가진 존재는 당연히 '국가'였기에 좁은 의미의 자유란 국가로부터 나와 내 가족의 생명과 재산을 지키는 것이었다. 그들에게 국가라는 존재는 나의 자유를 억압하는 존재이고, 나의 재산을 세금이라는 형태로 탈취해 가는 악덕 고리대금업자와 비슷했다. 그럼에도 불구하고 국가가 필요했던 이유는 토머스 홉스가 이야기한 것처럼 국가가 없다면 '만인에 대한 만인의 투쟁'이 일어나기 때문에, 어쩔 수 없이 국가를 만들어 국민의 주권을 양도한다는 측면에서 국가의 역할은 최소한으로 한정할 것을 지지했다. 물론 국가를 만드는 주체도 과거에는 신이었으나, 이제는 국민 스스로가 주체가 되어 국가와 계약을 맺는 것이라고 생각했다.

반면, 동양에서는 서양에서 의미하는 '투쟁해서 쟁취해야 할 자유'라는 개념은 애초부터 존재하지 않았다. 동양에서의 자유는 희로애락이 존재하는 또는 오로지 고통만이 존재하는 이 험난한 세상으로부터 영원히 벗어나는 자유 즉, 열반(涅槃)이나 해탈(解脫) 또는 속세에서 벗어나 자연과 함께 유유자적하는 삶을 의미하는 것이었기 때문이다. 따라서 자신의 권리를 위한 투쟁과는 거리가 먼 것이었다. 이런 연유로 개개인에 대한 권리의 존중보다는 함께한다는 공동체 의식이 강했고 국가에 대한 이미지도 좋았다.

국가는 외부의 침략으로부터 개인의 안전을 보장해 주고 공동체의 안녕을 보장해 주는 아버지와 같은 가부장적이고 시혜적 존재였다. 그래서 국가라는 표현보다는 '나라님'이었다. 그런 나라님에 대한 도전은 반역이었고, 곧 죽음이었다. 따라서 일반 백성들은 '나라님'이 무엇인가를 잘못 판단하거나 잘못 시행한다고 하는 것은 상상할 수 없었고, 설혹 국가 정책의 결과가 나쁘더라도 하늘이 주신 나의 운명이려니 하며 받아들였다. 따라서 국가가 명령하는 일은 내가 손해를 보더라도 나라님께서 하시는 일이기 때문에 큰 불만 없이 받아들였다.

동서양의 이런 대비되는 생각은 무엇이 좋고, 무엇이 나쁘다고 말할 수 있는 성질의 것이 아니다. 각각의 장단점이 있을 뿐이다. 자본의 힘이 거대해지면서 돈이면 뭐든 다 해결할 수 있다는 현대 물질 만능의 세계에서는 당연히 동양에서 추구하는 가치관이 더욱 빛을 발휘하리라는 것은 분명하다. 그러나 서양에서 추구하는 가치관 또한 인류가 지금까지 놀랄 만한 문명의 번영을 이룬 바탕이 되었다는 점에서, 그리고 현재까지 우리와 더욱 밀접하게 작용하고 있다는 점에서 그 중요성을 결코 쉽게 넘길 수는 없다.

특히 자유의 관점에서 본 종교의 자유, 양심의 자유, 표현의 자유 등의 발전은 인간의 존엄성을 높이는 데 결정적 역할을 했다. 또한 나의 자유가 중요한 만큼 다른 사람의 자유도 보장되어야 한다는 생각은, 나와 다른 생각을 하는 상대방일지라도 나와 동등한 권리를 보장해 줘야 한다는 측면에서 다양성을 존중하는 사상적 발전을 이루게 했다. 그리고 오늘날 우리 대한민국이 추구하는 자유민주주의의 개념도 이것의 연장선에 있음은 물론이다. 따라서 여기서 내가 말하는 자유는 서양에서 의미하는 자유를 말한다.

우리는 학교 교육을 통해 국가에 충성하고 부모에 효도하며, 웃어른을 공경하라고 배우며, 가정과 사회에서는 부모와 선배들을 통해 이런 모습들을 직접 목격하고 실천하며 성장해 왔다. 이런 과정을 통해서 우리는 국가는 선한 존재이며, 우리를 보호해 주는 부모와 같은 존재로 인식하게 되었다. 조금 더 성장해서 우리는 국가와 정부는 다르다는 것을 배웠다. 국가는 하나이고 영속성이 있지만, 집권 정부는 정권을 장악하는 정당의 성격에 따라 그 성격이 수시로 바뀔 수 있음도 목격했다.

12월 3일의 불법 계엄을 옹호하는 사람들은 정부(대통령)가 결정해서 추진하는 일이기 때문에 그것은 옳다고 전제한다. 특히 문민 대통령이 지시하는 것이니 군인들은 무조건 따라야 한다고 말한다. 그러나 정부는 항상 옳은 것이 아니다. 아니 역사적으로 봤을 때 옳지 않았던 정부도 많았다. 일반 백성들의 생각과는 동떨어진 자신들만의 이익, 권력, 재산 등을 추구하여 일반 백성들을 억압하고 통제한 경우도 많았다. 그래서 대부분의 자유민주주의 국가에서는 국가의 권력을 입법권·사법권·행정권으로 나누어 그 권한 행사를 서로 견제하도록 한다. 3권분립을 최초로 제시한 사람은 프랑스의 철학자이자 법관이었던 몽테스키외(Montesquieu)이다. 그는 자신의 저서 『법의 정신(esprit des lois)』에서 3권분립 개념을 말하면서 다음과 같이 말했다.

"재판권이 입법권이나 집행권과 분리되지 않는다면, 자유는 결코 존재하지 않는다"[13]

인간뿐만 아니라 동물의 세계에서도 우두머리 자리를 두고 서로 싸운다. 그러나 동물은 일정한 자신의 몫을 챙기면 더 이상 싸우지 않는다. 더 싸우면 자신도 자신의 무리도 공멸한다는 것을 본능적으로 알고 있기 때문이다. 반면 인간의 욕심은 그 기간과 양과 질에 있어서 한계가 없다. 자신이 갖고 있는 권력은 죽을 때까지 놓지 않고, 아무리 많아도 더 추구하는 것인 인간이다. 이런 특성을 잘 알고 있었던 선현들은

---

13   몽테스키외는 정치 체제를 크게 3가지, 즉 공화정, 군주정, 전제정으로 나누었다. 공화정은 다수의 인민(민주정)이나 소수의 인민(귀족정)이 권력을 가지는 정부를 말하고, 군주정은 한 사람이 정해진 법에 의해 통치하는 정부를 말하며, 전제정은 한 사람이 법에 상관없이 자신의 의지와 변덕에 의해 모든 것을 결정하는 정부를 말한다. 그는 삼권분립을 주장하면서 행정권은 군주에, 사법권은 귀족에게, 입법권은 인민에게 부여하는 것으로 생각했기 때문에 오늘날의 3권분립과는 다소 차이가 있다.

그래서 인간의 권력은 반드시 제한 되어야 한다고 주장했다.

  12월 3일 대한민국에서는 행정권이 입법권을 침해했다. 동기가 어떻든 행정부가 통제하는 군인이 입법기관인 국회와 국회의원, 그리고 독립된 헌법기관인 중앙선관위에 투입된 것은 현대 민주국가에서 있을 수 없는 일이며, 선을 넘는 행위였다. 이것은 앞서 언급했던 프랑스 7월 혁명에서 샤를 10세의 행동과도 비슷한 상황이라고 볼 수 있다. 즉 합법적 수단을 통하여 권력을 소유하고 있던 국가 지도자가 쿠데타를 일으켜, 입법부를 해체하거나 헌법을 무효화 하여, 정상적인 상황에서는 허용되지 않는 극도의 강력한 권력을 쟁취하려는 체제 전복 행위로 우리는 이런 행위를 '친위 쿠데타'라 말한다.

  입법 권한을 가진 국회의원들, 특히 국민이 선출한 국민의 대표를, 자신이 하고 싶은 정책을 반대한다는 이유로, 또는 자신의 맘에 들지 않는다는 이유로 통제하려 한다면, 중세 절대 왕조시대의 국왕과 무엇이 다르겠는가? 대화와 설득, 양보와 존중의 대상이 탄압의 대상이 되어버린다면 그 자체가 민주주의를 해치는 행위이다. 자신이 주장하는 것이 반공이고, 상대방이 주장하는 것은 친공이기 때문에 반공은 민주주의이고, 친공은 공산주의라는 이분법적 논리에 편승하여 불법 계엄마저 민주주의를 수호하는 것이라고 주장하는 이들이 너무나 안타깝다. 자유민주주의를 발전시키고자 한다면, 멀고 험난하겠지만 정책을 통해 상대 의원을 설득하고, 나아가서 국민을 설득하여 다음 선거에서 그런 가치를 추구하는 의원들을 많이 당선시켜서 다수당이 될 수 있도록 노력해야지, 군대를 동원하여 총부리를 겨누는 행위를 누가 용납하겠는가?

결국 몽테스키외의 말이나 트럼프의 지시에 저항한 마크 밀리 합참의장의 말이나 모두 공통되는 것은 '자유의 수호'이다. 몽테스키외의 자유는 독재자의 권력으로부터의 자유 수호이고, 밀리 합참의장의 자유는 미국 헌법에 명시된 종교·언론·청원·출판·집회의 자유를 수호하기 위한 것이다. 나는 군인이 상관의 명령에 복종 또는 불복종하는 것 또한 궁극적으로는 자유를 수호하기 위함이라 생각한다.

자유주의와 공동체주의

고전 공리주의자에 속하는 영국의 헨리 시즈윅(Henry Sidgwick)은 도덕적 가치가 옳음(義)의 개념과 좋음(善)의 개념이라는 근본적으로 서로 다른 형식에 의존하고 있는 것으로 보았다. 이러한 견해로 그는 서양 윤리학을 양대 산맥으로 구분하는데, 그리스 윤리학은 좋음의 우선성을 중심으로, 근대 윤리학은 옳음의 우선성을 채택하여 전개한 것으로 간주했다. 시즈윅의 이러한 구분법은 그 이후 서양 규범윤리학의 전개 양상을 이해하는 데 매우 중요한 척도로서의 역할을 하게 된다. 즉 좋음과 옳음의 개념 중 어느 쪽을 우선하느냐에 따라 근대 계몽주의 계

열의 윤리학인지 아니면 근대 낭만주의 계열의 윤리학인지를 가늠하는 기준이 되고 있다.[14]

그의 주장에 따르면, 계몽주의적 계보에 그 연원을 두고 있는 자유주의 윤리학은 옳음 및 정의의 우선성을 근거로 하는 개인의 권리, 자유, 자기 선택, 자기 결정, 그리고 개별적 정체성(自我) 등을 중요한 가치로 내세운다. 반면에 낭만주의적 전통을 그 원류로 하는 공동체주의 윤리학은 좋음 및 공동선의 우월성을 기초로 하는 공생, 공익 등의 공동체적 가치와 공동체적 덕목, 유대감 및 집단적 정체성—'우리'—을 중요한 가치로 삼는다.

양자의 견해는 어느 한쪽을 취하고 다른 한 편을 버리기에는 모두 거부하기 힘든 소중한 가치를 담고 있다. 즉, 개인의 자율성을 바탕으로 하여 개인의 권리와 자유만을 지나치게 강조할 경우 서로 협력하며 조화를 이루는 안정적인 사회를 구축하기 어려울 것이며, 반대로 공동체의 가치만을 중요시하고 공동체 속에서의 특정한 역할에 의해 개인이 규정될 경우 개인의 권리와 자유, 더 나아가 개인 간의 평등한 관계를 확보하는 것이 어려울 수 있기 때문이다. 그럼에도 불구하고 나에게 어느 것이 더 중요하냐고 묻는다면 나는 '옳음'에 더 무게중심을 두고 싶다. 특히 12월 3일의 상황에서는 더욱 그렇다.

---

14 홍성우, 『자유주의와 공동체주의 윤리학』, 선학사, 2005, 5쪽.

그렇다면 옳음과 좋음은 어떤 차이가 있는 것일까? 자유주의자들이 주장하는 '옳음'은 칸트(Immanuel Kant)의 "타인을 언제나 항상 목적으로 대우하고 결코 수단으로 대하지 말라"는 정언명령(定言命令)을 기초로 한다. 따라서 개인은 그의 동의 없이는 다른 목적을 성취하기 위해 희생될 수도, 사용되어서도 안 된다. 왜냐하면 개인은 신성불가침의 존재이기 때문이다. 그러므로 보다 큰 전반적인 사회적 선(goods)을 도출하기 위하여 나 자신의 삶보다 타인의 삶을 도덕적으로 보다 중요한 것으로, 또는 그것을 위해 나 자신의 삶을 희생해야 할 대상으로 간주할 수 없다. 존재하는 것은 자신의 개인적 삶을 영위하는 서로 다른 개인뿐이다. 그리고 이 개인은 어떤 목적이나 이익 또는 수단에 종속되지 않는 선험적 주체이다. 그리고 이 선험적 주체에서 도출되는 것이 비로소 '옳음'이라는 개념이다. 따라서 이때의 '옳음'은 특정한 상황이나 조건, 또는 개인이 처한 상황에 따라 다르게 정의되는 것이 아니라, 인간의 모든 경험과 목적보다 우선하는 것을 의미한다.

반면, 공동체주의자들이 주장하는 '좋음'은 칸트가 말하는 선험적 자아를 부정하고, 인간 사회와 공동체에 기반을 둔 맥락적 자아를 기반으로 한다. 맥락적 자아는 역사와 사회 공동체, 그리고 개인의 구체적 삶에 영향을 받는 현실적 자아를 말하고, 이들이 공동체를 위해 좋다고 추구하는 것을 '좋음'이라고 한다.

2025년 4월 4일 대한민국 헌법재판소에서 판결한 것은 12월 3일 계엄 발령이 '헌법적 가치에 부합하느냐 하지 않느냐'하는 옳고 그름의 문제이다. 그런데 많은 사람이 그 판결이 어느 진영에 유리한가, 또는 불리한가 하는 '좋음'의 문제로 인식한다. 즉, 인용이 되면 진보가, 기각이 되면 보수가 유리한 것으로 인식하여 진보주의자는 인용을 위해, 보수는 기각을 위해 목소리를 높였다. 그러나 이를 이념 또는 진영의 문제로 보아서는 안 된다. 어느 진영에게 유불리를 떠나 그것은 옳고 그름의 문제이다. 따라서 법리적으로 명확하다. 현대 민주사회에서 무장병력을 국회에 보내 국회의원을 끌어내는 것을 대통령의 통치행위로 판단하는 것이 가능하겠는가? 따라서 헌재의 판결은 당연한 결과이다. 이것은 정치적 문제가 아니라 법리적 문제인 것이다. 헌법재판소는 정치적 판단을 하는 곳이 아니라, 법리적 판단을 하는 곳이다. 그런데도 사람들은 정치적 압력을 가하기 위해 헌법재판소 앞에서 시위를 하고 자신들에게 유리한, 즉 '좋은' 판결을 원했다.

윤리 철학자인 매킨타이어(Alasdair Chalmers MacIntyre) 교수는 이런 현상이 정서주의(情緒主意)에서 기인한다고 진단한다. 정서주의란 모든 평가나 판단을 선호의 표현이나, 태도 또는 감정표현에 불과하다고 주장하는 입장을 말한다.[15] 건전한 비판은 없고, 몰이성적인 비난만이 난

---

15 매킨타이어는 정서주의가 세 가지의 인격으로 구성된다고 말한다. 부유한 탐미가, 관리자, 치료사가 그것이다. 부유한 탐미가는 사회를 자기 자신의 만족을 성취하기 위한 투기장, 즉 쾌락을 얻기 위한, 그리고 어떤 희생을 치르더라도 권태를 피하기 위한 일련의 기회를 제공하는 곳으로 간주한다. 이들에게 다른 사람은 그의 만족을 성취하기 위한 수단에 불과할 뿐이다. 관리자는 최대한 능률과 효율성으로

무하는 이유이다.

독일군에 구현된 자발적 복종

앞서 에티엔 라 보에시는 『자발적 복종』에서 피억압자가 억압자의 억압에 자발적으로 복종하는 이유를 오랫동안 길들여진 '습관'과 '자유에 대한 망각' 때문이라고 말했다. 즉, 그가 말한 자발적 복종은 부정적 의미를 띤다. 따라서 이는 우리가 극복해야 할 자발적 복종이다.

반면 19세기 말 독일에서는 긍정적 의미에서의 '자발적 복종'이라는 개념이 싹트고 있었다. 제1차 세계대전의 패전 속에서 군을 재건 중이던 독일에서 1929년 폰 구스타프 하버(von Gustav Haber)는 『군 교육의 기본 원칙』이라는 책을 발간했다. 이 책은 서로 융합하기 어려운 가치인 '군기'와 '자주성'에 대해서 적나라하게 분석한 것으로 유명하다.

그는 이 책에서 전투원이 독립성을 유지하기 위해서는 맹목적인 군기 교육, 야외훈련, 제식훈련이나 전술 이론 및 야전 근무 요령만으로는

자신의 목표를 성취하기 위하여 자신이 지닌 인적자원과 비인적자원을 체계화하여 관리하는 것을 목적으로 한다. 그는 목표 자체를 조정하거나 평가하는 것은 회피한다. 그것은 주주와 자본가 등에 의해 주어진 목표이기 때문이다. 치료사는 관리자와 마찬가지로 기술이나 능률, 그리고 효율성 등에 입각하여 신경증적 증후군을 사회적으로 유용한 것으로 여겨지는 목적을 향하도록 재조작된 에너지로 변환시키는 데 관심을 둔다. 그러나 치료사는 환자가 채택한 목적의 본래 가치에 근거하여 자신의 환자를 평가, 조언할 임무는 회피한다. 매킨타이어에 따르면, 현대적 개인은 자신의 자아를 정의함에 있어 이와 같은 인격 모형을 참조한다고 말한다. 홍성우, 앞의 책, 337쪽.

그 목적을 달성할 수 없으며, 군사심리학자들이 주장하듯 자발적인 복종심을 갖게 해야 한다고 주장했다. 그리고 그것은 현대적인 의미로서 '스스로 판단에 따른 복종'이라는 개념을 도출해 낼 수 있다고 했다. 그러면서 명령에 따른 시행만을 강요하는 '군기'보다는 전투원이 작전상황에 영향을 주는 각종 영향 요소를 분석하고 활용할 뿐만 아니라 작전 실시의 목적과 필요성에 대한 통찰을 통해 모든 행위에 대해 계획성 있게 판단하는 것이 더 중요한 의미를 갖는다고도 했다. 즉, 그는 군에서 그토록 강조하는 '군기'마저도 맹목적 복종에 의해 유지되는 것이 아니고 구성원의 자발적 참여를 전제로 가능하다는 것을 말하고 있었다.

하버는 자신의 이런 생각을 당시 독일군 재건의 총책임자였던 폰 젝트(Hans von Seeckt) 장군과 공유했는데, 이에 공감한 젝트 장군은 1921년에 『육군 교육의 기본 원칙』이라는 책을 통해 육군의 목표와 방향을 제시하면서 다음과 같은 내용을 강조했다.

"모든 군인은 능력에 따라 최고의 군사 계급에 도달할 수 있도록 항상 자율적으로 노력해야 한다. 하급자들에겐 도움과 지도를 아끼지 않고 또한 모범을 보이는 것이야말로 모든 상급자의 의무이다. 지식은 군대 직무에 관련된 분야에만 국한된 것이 아니고 일반학 분야도 포함되어서 군인이 자신의 전체 **인생**을 가치 있게 지내고 꼭 필요한 국민의 일원으로 육성되어야 한다.

1920년대에 독일군을 재건하는 데 가장 핵심적인 역할을 한 한스 폰 젝트는 『육군 교육의 기본 원칙』
이라는 책을 통해 하급자의 자율성을 강조하고 군인이기 이전에 한 사람의 인간으로서 자신의 인생, 그
리고 존재에 대한 중요성을 일깨웠다. 〈사진 출처: WIKIMEDIA COMMONS | CC BY-SA 4.0〉

지식과 능력보다 더욱 중요한 것은 **존재** 자체이며, 인격도야가 지성개발보다 우선한다."(굵은 글자는 필자 강조)

하버와 젝트 모두 하급자의 자율성을 중요시하고 있으며, 군인이기 이전에 한 사람의 인간으로서 자신의 인생, 그리고 존재에 대한 중요성을 일깨우고 있다. 물론 이런 관점이 단순히 그들 둘만의 독창적 생각에서 나온 것은 아니었다. 그런 생각의 기원은 그로부터 거의 100년 이상 거슬러 올라가는데, 그와 관련된 내용은 독일군의 '임무형 전술'에 관한 내용을 기술하는 7장에서 자세히 언급하도록 하겠다.

어쨌든 독일군 내에서는 적어도 1870년 보불전쟁 당시만 해도 하급 지휘관들의 '자주성' 내지 '독단성'의 중요성을 인식했고 따라서 이를 고양하기 위한 다양한 노력이 있었다. 그리고 그 밑바탕에는 '복종의 자유' 내지 '자발적인 복종(mitdenkender Gehorsam)'이라는 개념이 자리 잡고 있었다. 제1차 세계대전 당시 독일군 참모총장 몰트케(Helmuth Johannes Ludwig von Moltke)가 "복종은 원칙이다. 그러나 인간은 원칙보다 위에 있다"라고 말한 것을 상기해 보면, 당시 독일 군대 내에 인간의 이성을 중시하고 자유를 기반으로 하는 '자율성' 내지 '자주성'이 얼마나 깊이 자리 잡고 있었는가를 가늠해 볼 수 있게 해준다.

자율성이란 무엇인가? 자율성은 어떤 생각과 행동을 하는 데 있어서 타인의 간섭을 받지 않는 것을 말한다. 그런데 가장 강력한 군기를 강

제1차 세계대전 당시 독일군 참모총장 몰트케(Helmuth Johannes Ludwig von Moltke)는 "복종은 원칙이다. 그러나 인간은 원칙보다 위에 있다"라고 말했다. 이 말은 당시 독일 군대 내에 인간의 이성을 중시하고 자유를 기반으로 하는 '자율성' 내지 '자주성'이 얼마나 깊이 자리 잡고 있었는가를 가늠해 볼 수 있게 해준다. 〈사진 출처: WIKIMEDIA COMMONS | CC BY-SA 3.0〉

복종과 불복종

조하는 독일군에서 예하 부대 장교에게 자율성을 요구했다. 이것은 무엇을 의미하는가? 적어도 1870년 보불전쟁 시기부터는 독일군에게 복종이란 맹목적 복종이 아니었다는 사실을 방증한다고 볼 수 있다. 그리고 그들에게 요구된 자발적 복종은 제2차 세계대전 전반기 독일군의 혁혁한 전공에서 그 진가를 발휘하게 된다.

제4장

정의

동서양을 막론하고 '정의'는 기본적으로 "각자에게 알맞은 몫을 주는 것"을 의미했다. 경주(競走)는 종종 기회균등에 관한 논의에서 모델로 사용된다. 일부가 다른 경쟁자보다 결승선에 더 가까운 지점에서 출발하는 그런 경주는 공정치 못하다. 그러나 삶은 어느 누가 내놓은 상을 타기 위해 경쟁하는 그런 종류의 경주가 아니다. 삶이란 모두가 함께 뛰는 통합된 경기가 아니며, 빠르기를 심판하는 전지전능한 누군가가 존재하는 것도 아니다. 삶에서 우리가 보는 것은, 서로 다른 사람들이 독립적으로 서로 다른 것들을 다른 방식으로 이루고 성취하는 것을 보는 것이다.

하나, 우리는 국가와 국민을 위해 생명을 바친다.

하나, 우리는 언제나 명예와 신의 속에 산다.

하나, 우리는 안일한 불의의 길보다 험난한 정의의 길을 택한다.

- 사관생도 신조 -

나는 육군사관학교 생도 생활 4년 동안 매일 위 신조를 아침저녁으로 하루에 두 번씩 외쳤다. 그리고 졸업한 지 36년이 된 지금, 첫 번째와 두 번째 신조는 잘 기억나지 않지만, 마지막 세 번째 신조만큼은 지금까지 단 하루도 잊은 적이 없다. 왜냐하면 생도 생활 내내 위 세 번째 문장이 마음에 늘 거슬렸기 때문이었다.

나는 위 세 번째 문장을 '사관생도 신조'에서 제외해 달라고 건의하고 싶은 마음을 4년 내내 가슴속에 품고 살았다. 왜냐하면 그 당시 나의 눈으로 봤을 때 '사관생도 신조'를 실천하며 살고 있는 군 선배는 거의 보지 못했을 뿐만 아니라(아니 더 뻔뻔스러운 사람을 많이 봤다), 나 자신도 그렇게 살 자신이 없었기 때문이다. 또한 지키지도 못할 정도로 너무 높은 수준의 기준을 정해놓음으로써 그 수준에 도달하지 못한 많은 사람을 죄의식 속에 빠뜨리고 있다고 생각했다. 그러나 그럼에도 불구하고 사관생도 신조가 주는 선한 영향력이 있었다면, 구체적으로 정의로운 길이 어떤 길인지는 모르겠지만 적어도 일상적 편안함에서 벗어나 험난하다는 것만큼은 젊은 사관생도들에게 분명하게 각인시켜 주었다는 점이다.

그렇다면 과연 위 신조대로 사는 생도들과 장교들은 과연 얼마나 될까? 왜 군인들은 계급이 높아질수록 안일한 불의의 길을 택하는 사람들이 많이 눈에 띄는 것일까? 근 40여 년의 군 생활을 마무리한 지금 생각해 보면 많은 군인이 안일한 불의의 길도, 험난한 정의의 길도 아닌, 평범하고 무난한 길을 택한다고 느낀다. 험난한 정의의 길을 택하는 것이 그만큼 어렵고 힘들기 때문일 텐데 그렇다면 사관생도 신조가 오히려 그 때문에 더욱 가치가 있는 것일지도 모른다는 생각도 해본다.

동서양을 막론하고 '정의'는 기본적으로 "각자에게 알맞은 몫을 주는 것"을 의미했다. 즉 각자가 자신에게 적합하고 자신이 마땅히 해야 할 일을 하고, 그에 걸맞은 보상을 받는 것이야말로 정의로운 일이었다. 정말 심플하다. 그러나 인간 사회에서 이를 실현하는 일은 결코 쉬운 일이 아니다. '각자에게 걸맞은 몫을 분배'하려는 정의의 문제는 이성과 경험, 동기와 결과, 의무와 목적, 개인의 권리와 공리(公利), 개인의 자유와 공동체의 가치, 개인의 노력 및 공적과 인간의 절박한 필요 또는 사회적 약자에 대한 배려와 관심 등 수많은 요소와 얽혀 있기 때문이다.

서양에서 정의의 문제가 본격적으로 논의된 것은 플라톤(Plato)부터였다. 이어서 아리스토텔레스(Aristotle)는 분배적 정의에 대해 논했는데, 이후 서양에서는 정의 문제가 주로 각자에게 마땅히 받아야 할 것

그리스 신화에 등장하는 '정의의 여신' 디케. 로마 신화에서는 유스티티아(Justitia)에 해당하며, 오늘날 영어의 정의를 뜻하는 '저스티스(justice)'는 여기에서 유래한다. 〈사진 출처: WIKIMEDIA COMMONS | CC BY-SA 3.0〉

을 주는 것이라는 분배의 문제를 중심으로 논의되었다. 그러다가 '최대 다수의 최대 행복'을 추구하는 공리주의가 등장했다. 그들은 최대 다수의 이익을 위해서는 소수의 불이익은 당연히 감내해야 하는 것으로 생각했다. 이어 칸트의 정신을 계승한 자유주의자들이 등장했다. 자유주의자들은 공리주의 원칙을 비판하며 개인의 자유와 권리를 앞세웠다. 즉, 이 세상에 존재하는 것은 서로 독립적인 삶을 영위하는 서로 다른 개인들이며, 어느 누구도 타인—그것이 비록 공동체일지라도—을 위해 희생되어서는 안 된다는 생각을 하게 되었다. 특히 자유 지상주의자들은 개인에게 돌아가야 할 몫을 자유로운 선택과 능력에 따른 경쟁에 맡겨놓는 것이야말로 정의로운 것이라고 주장했다. 그러나 이러한 주장에 대해 또 다른 이들은 애초에 태어날 때부터 기울어진 운동장이 존재하기 때문에 자유로운 경쟁은 있을 수 없고, 결과가 평등해야 한다고 주장하게 되었고, 급기야는 기계적이고 산술적인 평등을 추구하는 극단적인 평등주의자들도 등장하기에 이르렀다.

이런 양자의 문제점들을 극복하고 올바른 정의론을 정립해 보고자 노력한 사람이 미국의 철학자 존 롤스(John Rawls)이다. 롤스는 『정의론(A Theory of Justice)』에서 자유주의를 기반으로 삼으면서도 극단적인 자유만을 내세우지 않고 평등의 요소도 도입하려고 노력했다.

롤스의 정의론을 정리해 보면 다음과 같다. 첫째, 각자는 기본적 자유에 대하여 평등한 권리를 가져야 한다. 둘째, 사회적 · 경제적 불평등은 다음과 같은 두 조건을 만족시키도록 해야 한다. ① 최소 수혜자에게 최대의 이익이 되고, ② 공정한 기회균등의 조건 아래 모든 사람에게 개방된 직책과 직위가 결부되게끔 편성되어야 한다. 우리는 첫 번째 원칙을 '평등한 자유의 원칙', 두 번째 중 ①을 '차등의 원칙', ②를 '기회균등의 원칙'이라 한다.

조금 부연 설명하면 첫 번째 원칙은, 자유는 자유 그 자체만을 위해서 제한될 수 있을 뿐 다른 모든 것에 우선한다는 것을 말한다. 그런데 이 원칙만으로는 불평등한 사회적 여건을 개선할 수 없으므로 이를 보완하기 위해 필요한 것이 두 번째 '기회균등의 원칙'이다. 이것은 여러

1971년에 발간된 롤스의 저서 『정의론』의 표지 사진. 롤스는 사회의 기본적 가치, 즉 자유와 기회, 소득과 부, 인간적 존엄성 등은 평등하게 배분되어야 하며, 이러한 가치의 불평등한 배분은 그것이 사회의 최소 수혜자에게 유리한 경우에만 정당하다는 이론을 펼쳤다. 롤스는 이러한 사회 정의의 기본 원리로 '기본적 자유 평등의 원리(정의의 제1원리)'와 '차등 조정의 원리(정의의 제2원리)' 두 가지를 제시한다. 〈사진 출처: WIKIMEDIA COMMONS | Public Domain〉

사람이 원하는 직위 같은 것들이 단지 형식적으로만 개방되어서는 안 되고, 모든 사람이 그것을 획득할 공정한 기회를 가질 수 있도록 사회적 우연성[16]의 영향을 감소시켜야 한다는 것을 말한다. 그런데 이런 조치를 취하더라도 능력과 재능의 천부적 배분에 의해 부나 소득이 결정되는 점 등에서 약자에 대한 충분한 고려가 부족하다고 생각하여 그러한 영향력을 완화하기 위한 원칙이 필요한데, 그것이 바로 사회적인 약자, 즉 최소 수혜자들을 우선 배려하자는 '차등의 원칙'이다. 롤스의 최소 수혜자는 가족 및 계급적 기원이나, 천부적 재능, 운수나 행운 등으로 인해 불리한 처지에 빠진 사람들을 지칭한다. 롤스는 차별 대우, 계급, 그리고 재능 등을 불평등의 세 가지 원천으로 간주하고 이 불평등이 공정한 기회균등의 원칙과 차등의 원칙에 의해 해소되리라고 믿었다. 나는 롤스의 정의론을 지지한다.

경주(競走)는 종종 기회균등에 관한 논의에서 모델로 사용된다. 일부가 다른 경쟁자보다 결승선에 더 가까운 지점에서 출발하는 그런 경주는 공정치 못하다. 그러나 삶은 어느 누가 내놓은 상을 타기 위해 경쟁하는 그런 종류의 경주가 아니다. 삶이란 모두가 함께 뛰는 통합된 경기가 아니며, 빠르기를 심판하는 전지전능한 누군가 존재하는 것도 아

---

16 롤스는 우연성을 '자연적 우연성'과 '사회적 우연성'으로 구분한다. 자연적 우연성이란 태어날 때부터 타고나는 신체적 건강이나 학습 능력, 성별 등을 의미하고, 사회적 우연성이란 태어날 때부터 갖고 있는 신분상의 지위나 재산 등을 말한다.

니다. 삶에서 우리가 보는 것은, 서로 다른 사람들이 독립적으로 서로 다른 것들을 다른 방식으로 이루고 성취하는 것을 보는 것이다. 어떤 사람이 재벌의 아들로 태어나 대저택에서 매일 수영장을 사용할 수 있다는 사실이, 그렇지 못한 사람들에게서 불공평하다고 비난받아야 할 이유는 없다. 재벌의 아들로 태어난 것은 태어난 사람의 의도가 아니며, 그렇다고 그 태어남이 다른 사람들에게 피해를 준 것도 아니다. 그래서 자유주의 철학의 거장 로버트 노직(Robert Nozick)은 "한 사람의 소유물이 취득과 이전에서 정의로우면 그 소유물은 정당한 것이다"라고 말했다. 다시 말해 한 사람의 권리 실현이 최초 취득에서 정의롭고, 그 이전의 과정이 정의롭다면 이는 정당하다고 생각했다.

이는 달리 말하면, 다른 사람의 권리 실현을 침해한다면 그 누구도 그 권리를 행사할 수 없다는 의미이기도 하다. 즉 아무리 가난하고, 많은 사람의 도움이 필요한 사람이더라도, 부자라는 이유만으로 상대방의 재산을 강제로 빼앗을 수는 없다는 것이다. 그것은 오직 부자의 동의에 의한 기부에 의해서만 가능하다. 그런데 많은 진보주의자는, 소수 부자의 재산을 빼앗아 가난한 사람들에게 나누어 주는 것은 '사회정의'를 실천하는 일이고 이는 '좋음'이라고 생각한다. 심지어 몰양심적인 진보주의자는 그런 명목을 내걸고 가진 사람들에게 각종 '세금'을 징수하면서도 그 과정에서 자신의 이익을 챙긴다. 노동자의 권익을 위한다고 피켓을 들고 시위를 하고, 자본을 비판하면서도 정작 자신의 아들딸은 미국 등 선진국 대학에 유학을 보내고, 차명계좌를 운영한다. 강남 좌파라는 말에 담긴 그늘진 모습이다. 나는 이런 현상을 결단코 반대한다. 부자에게나 가난한 자에게나 자유는 동일한 것이다. 그럼에도 불구하고 롤스의 정의론은 기본적으로 이성을 가지고 자유롭게 선택할 수 있는 자율적이고 개인적인 인간을 전제로 한다.

반면 공동체적 가치를 중요하게 생각하는 학자들은 모든 인간은 공동체 속에서 태어나고 자라나며 수많은 사회적 관계 속에서 살아가기 때문에 개인의 존재 자체가 공동체를 떠나서는 성립할 수 없는 것으로 간주한다. 따라서 롤스의 『정의론』에서 말하는 개인은 이러한 사회적 관계에서 단절된 개인으로, 현실 세계와 고립된 개인이고 조금 과해지면 배타적 개인주의에 빠지게 될 수 있다고 말한다. 대표적인 학자가 매킨타이어(A. MacIntyre), 마이클 샌델(M. Sandel) 등이다. 이들은 개인이 어떤 능력을 가진 것 자체가 우연적이고 그에 의한 성공 역시 수많은 우연 덕이므로 그 대가를 개인이 당연히 차지할 것으로 여겨서는 안 되고 공동체와 나누어야 한다고 주장한다. 또한 개인에게 돌아갈 몫을 결정하는 데 중요한 요소도 공동체가 추구하는 목적과 가치, 공동선과 같은 것들이라고 간주한다.

이후 자유주의적 정의론과 공동체주의적 정의론은 지금까지도 계속 논쟁을 이어가고 있다. 예컨대 대학 입학 자격을 배분하는 문제를 생각할 때, 자유주의적 입장에서는 당연히 개인의 학업 실력을 기준으로 삼아야 한다고 주장하는 반면, 공동체주의적 입장에서는 실력 외에도 다른 요소—사회적 약자나 취약계층에 대한 배려, 사회적 기여자 우대 등—도 고려해야 한다고 주장한다. 그러나 공동체적 가치 또한 그것을 절대화하는 순간 개인의 노력과 책임을 무시하는 잘못에 빠질 수 있고, 약자 또는 우대자를 선발하는 과정에서 비리가 발생하는 등의 문제가 대두되는 등 단점이 있기도 하다. 결국 모든 경우에 공정하고 합당한 분배 정의를 실현해 줄 도깨비방망이는 어디에도 없다.

한편, 동양에서는 일찍이 백가쟁명의 시대라 불리는 춘추전국시대부터 세계와 인간 사회에 대한 수많은 이론이 등장했다. 동양의 정의론이라 부를 만한 것들 역시 이때부터 본격적으로 제시되었는데, 이 시기 사상가 중에 누구보다도 정의 문제에 대해 가장 포괄적이며 깊이 있는 이론을 제시한 사람은 단연코 묵자(墨子)[17]였다. 중국 전국시대에 끊임없는 전쟁의 참화와 가혹한 봉건사회의 억압과 수탈 속에서 신음하던 백성들의 아픔을 누구보다 깊이 이해하고 공감하며, 그 고통 해결을 위해 온 힘을 아끼지 않았던 사람이 묵자였다.

당시의 사회가 수많은 백성의 삶을 괴롭게 만드는 정의롭지 못한 사

---

[17] 묵자의 생애에 관해서는 아직 많은 것이 명확하게 밝혀지지 않았다. 여러 가지 견해가 있지만, 묵자가 활동한 시기는 공자 이후부터 맹자 이전인 기원전 5세기에서 4세기에 걸친 시기였다는 설이 유력하다. 학자들의 여러 설을 종합해 볼 때, 묵자는 기술자 집단과 관련이 있는 사(士)로서, 어린 시절 노나라에서 유가의 영향을 받으며 성장하여 송나라와 초나라 등지에서 활동했던 인물이었고, 그의 제자 집단은 엄한 규율과 강한 실천력을 가졌던 기술자 집단이었다고 추정된다.

회였기 때문에, 묵자의 의론(義論)은 큰 의미가 있었다. 묵자는 공자 이후에 태어났기 때문에 그의 의론 역시 공자의 사상에 영향을 받았다. 한자에서 '의(義)'라는 글자는 양羊과 병기 모양의 '아我'로 이루어진 상형문자로 신에게 제물을 바치는 양을 톱 모양의 칼로 법도에 따라 바르게 자른다는 뜻이었다. 그것은 이렇게 자른 고기를 제사 후 신분과 직분에 따라 알맞게 나누어 주는 것을 의미하기도 했다. 따라서 의는 "신분 질서에 따라 어떤 것을 각자에게 알맞게 분배하는 것"을 의미했고, 이는 '각자에게 걸맞은 몫을 주는 것'이라는 서양의 정의 개념과도 상통하는 것이라 할 수 있다.

그러나 엄격한 신분상의 위계질서를 지키고 있었던 고대 중국 사회에서 각자에게 걸맞은 몫이란 각자가 속한 신분과 맡은 직분에 따라 차등적으로 정해질 수밖에 없었다. 그래서 봉건적인 고대 동양 사회에서 '의'란 각자가 자신의 신분(분수)에 맞는 역할을 충실히 수행하고 그에 따라 차등적으로 정해지는 몫을 받아들이는 것을 의미했다. 이런 개념을 받아들이면서 더 깊은 논의의 계기를 마련해 사람은 당연히 공자였다. 그러나 공자까지만 해도 당시의 봉건적 신분 질서를 당연한 것으로 받아들임으로써 주인은 명령을 내리는 것이 당연하지만, 하인은 명령을 내릴 수 없는 것을 당연하게 인정하는 것으로, 인류가 따라야 할 보편적 가치를 담고 있지는 못했다. 이러한 시기에 보수적이고 번거로운 전통과 예를 고수하며 상층계급의 입장에서 봉건적 질서 체계를 옹호하는 유교 사상을 비판하면서 등장한 것이 묵자의 사상이었다. 묵자의 중심 사상은 무엇보다도 겸애설이었다. '겸애(兼愛)'란 차별 없이 두루 아울러 사랑한다는 뜻이다. 오늘날 흔히 말하는 '박애(博愛)'와 같은 개념이다. 묵자는 세상이 혼란한 근본 원인을 사람들이 자신 및 자신과 친한 사람들, 그리고 그 밖의 다른 사람들을 구분하고, 자신들만을 사랑하고 자신들만을 이롭게 하며, 이를 위해 남을 해치기까지 하는 데 있다고 보았다. 그래서 묵자는 이렇게 말했다.

"큰 나라가 작은 나라를 공격하는 것, 큰 가(家)가 작은 가(家)를 어지럽히는 것, 강한 자가 약한 자를 위협하는 것, 다수가 소수에게 사납게 구는 것, 교활한 자가 어리석은 자를 속이는 것, 귀한 자가 천한 자를 오만하게 구는 것, 이 같은 것들이 천하의 해로움이다. 이는 어디에서 생기는 것인가? 천하에서 남을 미워하고 남을 해치는 데서 생긴다고 할 것이다. 천하에서 남을 미워하고 남을 해치는 것에 이름을 붙이자면 '아우름'이겠는가, '가름'이겠는가? 그것은 반드시 '가름'이라 할 것이다."

나와 남을 가르고 나만을 사랑하고 나만의 이익을 추구하는 것, 그리고 이를 위해서라면 남을 해치기까지 하는 이러한 '별애(別愛)'야말로 모든 혼란의 근본 원인이라고 말했다. 따라서 그 해결책 또한 별애를 겸애로 바꾸는 것이었다. 즉 묵자의 겸애설은 '차별 없이 두루 아울러 사랑하고 번갈아 서로 이롭게 하는 것'이라고 풀어서 말할 수 있다. 그리고 묵자에게는 모든 사람을 공평하게 이롭게 하는 것이야말로 바로 의이기도 했다.

'의'가 '리(利)'와 대립하는 것으로 본 맹자와는 달리 묵자는 의와 리는 둘은 분리될 수 없는 것으로, 오히려 의는 사람을 이롭게 하는 것이며, 불의는 사람을 해롭게 하는 것으로 보았다. 여기서 묵자가 말한 이로움이란 자기 자신만을 위한 이로움이 아니라, 모든 사람─백성─의 이로움이며, 많은 쾌락을 얻는 것보다는 고통에서 벗어나 편안하게 생존하며 자신의 기능을 잘 발휘하며 살아가는 행복을 진정한 이로움을 뜻했다. 또한 묵자는 누구보다도 사회적 약자들에 대한 배려를 강조했다. 그래서 묵자는 의로운 정치는 바로 사회적 약자들을 배려해 주는 정치라고 주장했다.

공공의 이익과 사람의 의무(도리), 개인(자유)의 권리와 공동체의 이익, 사회적 약자에 대한 배려 등 모든 것들은 '각자에게 걸맞은 몫'을 분배하는 정의의 문제에서 어느 것 하나 빼놓을 수 없는 중요한 원리들이다. 그런데 어느 한쪽─자유 또는 공동체─만을 절대화하고 고집하게 될 때는 심각한 문제와 갈등이 벌어진다. 그런데 이런 여러 가지 요소와 원리들 가운데 어떤 것을 우선시하고 각각의 것에 얼마만큼의 비중을 두어야 하는가에 대한 일반적인 정답은 정해져 있지 않다. 왜냐하면 사람들 사이에는 아주 많은 차이가 존재하기 때문이다.

사람들을 모두 같은 방식으로 대할 수 없는 이유 중의 하나는 그들이 서로 다른 필요를 지니고 있다는 점이다. 영양 상태가 좋고 건강한 사람보다 굶주리고 병든 사람에게 더 많은 물자를 줘야 한다는 데 반대할 사람은 없을 것이다. 하지만 모든 사람이 하나같이 이것이 정의가 요구하는 것이라고 여기지는 않는다. 가난한 사람을 돕는 것은 부자의 것을 강제로 빼앗아서 나누어주는 것이 아니라 부자들 스스로가 자유롭게 행동해야 하는 자선의 문제라고 보는 오랜 전통이 있는 이유이다. 약자에 대한 그런 지원은 권장되어야 할 일이지, 강제해야 할 사항은 아니라는 의미이다.

또 한 가지 중요한 것은 정의가 사람들이 받는 처우뿐만 아니라 그러한 결과에 도달하기 위해 따라야 할 절차와도 관련이 된다는 점이다. 죄를 범한 사람이 그 죄에 비례해서 처벌을 받고 죄가 없는 사람이 풀려나는 것이 정의로운 것이지만, 그에 못지않게 중요한 것은 그 판결에 이르기까지 적절한 절차가 지켜져야 한다는 점이다.

나는 개인적으로 인류가 궁극적으로 추구해야 할 정의는 '공동체주의적 가치'에 가까워야 하지만, 현재의 대한민국 상황에서는 '자유주의적 가치'에 더 가까워야 한다고 생각한다. 앞에서 언급했던 대학 입학제도를 들어 설명하면 사회적 약자에 대한 배려로 능력이 부족한 학생을 입학시키기보다는 수험생 개인의 능력과 실력에 따라 입학시키는 것을 우선시하고 싶다. 왜냐하면 아직까지 대한민국에서는 사회적 약자에 대한 기준과 그 약자를 선정하는 과정이 투명하지 않을 뿐더러, 이로 인해 젊은이들의 도전 의식이 저하되어 대한민국의 국가발전에 부정적인 영향을 미칠 수 있다고 생각하기 때문이다. 대한민국은 지금의 성장 결과에 만족해서는 안 되고 더 발전하고 성장해야 하기 때문이다. 미국 정도의 국력을 갖게 된다면 그때는 '공동체적 정의'를 추구해도 좋다고 생각한다.

그렇다면 군대 내에서는 어떤 가치가 우선일까? 나는 50 대 50이라고 생각한다. 과거 같았으면, 상명하복의 가치를 최우선으로 추구하는 군대에서 공동체주의적 가치 외에 자유주의적 가치를 추구한다는 것은 생각할 수도 없었겠지만, 이제는 앞서 2장을 통해 알 수 있듯이 우리를 둘러싼 환경이 많이 변했고, 특히 우리 젊은이들의 생각과 사고방식이 많이 변했다. 따라서 이제는 자유주의적 가치와 공동체주의적 가치가 조화롭게 발전해야 하며, 각각의 경우 어떤 가치를 더 비중 있게 다루어야 할지는 맞닥뜨린 구체적 상황에 따라 다르게 적용해야 할 것이다. 보수와 진보, 자유주의와 공동체주의! 이는 새의 몸통 좌우에 달린 날개와도 같다. 어느 한쪽만의 날개로는 날지 못한다는 것이 진리일 것이다.

제5장

양심

양심은 도덕적 지식을 넘어 우리의 판단과 행동에 일종의 도덕적 권위를 갖는다. 따라서 우리가 양심의 도덕적 권위에 맞는 행동을 하지 못했을 때는 심각한 심리적 고통을 받게 되는데 우리는 그것을 '양심의 가책'이라고 말한다. 인간 사회는 수많은 계층적 구조로 연결되어 있다. 많은 실험 결과 중간 계층에 있는 사람은 가장 책임을 느끼지 못한다고 한다. 나치는 이러한 인간의 심리를 이용해서 불법적인 명령에 대한 책임을 수많은 조직과 사람에게 분산했다. 이것이 나치의 학살이 대규모로 가능했던 이유 중 하나이다.

제19조 모든 국민은 양심의 자유를 가진다.

제46조 ②국회의원은 국가이익을 우선하여 양심에 따라 직무를 행한다.

제103조 법관은 헌법과 법률에 의하여 그 양심에 따라 독립하여 심판한다.

- 대한민국 헌법 -

'내적 지휘(Innere Führung)'는 군대 내에서의 의사결정과 지휘체계를 민주적 원칙에 따라 운영하는 지침이다. 이는 군 내부의 권위주의적 문화와 상명하달식 구조를 탈피하고, 군인의 자율성과 책임감을 중시한다. 내적 지휘는 다음과 같은 요소를 포함한다.

1. 민주적 가치관: 군대는 국가 헌법과 민주적 가치에 충실해야 하며, 군인은 시민사회와 동등한 권리와 의무를 가진 존재로 간주된다.

2. 자율성과 책임: 군인은 상관의 명령에 맹목적으로 복종하기 보다는 자신의 양심과 법적 기준에 따라 판단해야 한다.

3. 군과 사회의 통합: 군대는 시민사회와 유리되지 않고, 사회적 책임을 다하는 조직이어야 한다.

- 독일 연방군 내적 지휘의 의미와 구성 요소 -

대한민국 헌법에는 앞에서 보듯 '양심'이라는 단어가 세 번이나 나온다. 우리가 일반적으로 생각하기에 '양심'이라는 단어는 매우 주관적 의미를 내포하고 있는 것으로 알고 있는데, 가장 객관성을 담보해야 하는 헌법에 왜 양심이라는 단어가 3회나 등장할까? 특히 제103조에서는 "법관은 헌법과 법률에 의하여 그 양심에 따라 독립하여 심판한다"라고 명시하여 오직 헌법과 법률에 의해서만 판결을 해야 하는 법관에게도 양심에 따라 심판할 것을 명시하고 있다.

한편 독일 연방군의 지휘 철학인 '내적 지휘'에서도 "군인은 상관의 명령에 맹목적으로 복종하기보다는 자신의 양심과 법적 기준에 따라 판단해야 한다"라고 언급하면서 양심의 중요성을 강조한다. 위기 시 일사불란한 지휘체계를 유지해야 할 군 조직에서조차 양심의 중요성을 강조하는 이유는 무엇일까? 양심이 도대체 무엇이길래 우리나라를 비롯해 많은 나라에서 국민의 삶에 직접적인 영향을 미치는 헌법과 군 지휘 철학에 명시하고 있는 것일까?

2018년, 대한민국 헌법재판소와 대법원은 양심적 병역거부를 병역법으로 처벌하던 기존의 관행에 제동을 걸면서 양심적 병역거부자들이 대체복무를 통해 병역의 의무를 합법적으로 이행할 수 있는 길을 열어주었다. 즉 '양심'이 철학적·윤리학적 주제로서 한정되지 않고 실체적 법률로서 우리의 삶에 직접적으로 다가온 것이다. 당시 양심적 병역거부를 합법화한 사법부의 결정 이후 온라인상에서는 "양심적 병역거부자들이 병역을 거부하는 것이 양심적이라면 병역을 성실히 이행하는 사람들은 비양심적이라는 말이냐?"는 반발이 일기도 했고, 이러한 주장이 호응을 얻으면서 사회적 혼란을 일으키기도 했는데, 이런 현상의 밑바탕에는 '양심'에 대한 오해와 혼란이 있었음을 부정할 수 없다. 따라서 2018년 판결의 진정한 의미를 이해하기 위해서, 그리고 12·3사태의 상황에서 군인들의 명령 복종과 불복종의 문제를 논하기 위해서는 일반적인 상식 수준에서의 양심보다는 법률에서 의미하는 '양심'이 무엇인지를 알아야만 한다.

표준국어대사전에서는 '양심'을 사물의 가치를 변별하고 자기의 행위에 대하여 옳고 그름과 선과 악의 판단을 내리는 도덕적 의식으로 정의한다. 영어 'conscience'는 애초에 희랍어 '시네이데시스(syneidesis)'에서 유래했는데, 그것은 '지식을 공유한다'는 뜻을 함의한다. 물론 그렇게 공유되는 지식이 구체적으로 어떤 지식인지에 대해서는 명확하지 않지만, 대다수 학자는 그 지식이 '도덕적 지식'이라는 점에 동의한다. 따라서 표준국어대사전의 내용과도 그 궤를 같이한다고 볼 수 있다.

그런데 양심은 그런 도덕적 지식을 넘어 우리의 판단과 행동에 일종의 도덕적 권위를 갖는다. 따라서 우리가 양심의 도덕적 권위에 맞는 행동을 하지 못했을 때는 심각한 심리적 고통을 받게 되는데 우리는 그것을 '양심의 가책'이라고 말한다.

나는 쓰레기 분리수거장에 쓰레기를 버릴 때, 가끔은 귀찮아서 페트병 상표를 분리하지 않은 채 버린 후 집에 들어와서는 마음이 불편함을 느끼는 경우가 있다. 투명 페트병 수집망에는 투명한 페트병만 버려야 한다는 양심의 소리에 따르지 않았기 때문에, 즉 양심의 권위에 복종하지 않았기 때문에 양심의 가책을 느끼는 것이다. 반면 내가 1만 원의 돈으로 사과를 살 것인지, 배를 살 것인지를 고민하다가 사과를 샀을 경우, 배를 사지 않은 것에 대해서 후회는 있을지언정 양심의 가책이란 심리적 고통을 느끼지는 않는다. 이 경우의 선택은 단순히 나의 심리적 작용에 의한 선택이고 후회일 뿐이다. 즉 쓰레기 분리수거의 경우에 내가 느끼는 심리적 고통은 마땅히 따라야만 하는 양심―도덕적 권위―을 따르지 못한 데서 오는 것이고, 배 대신 사과를 샀을 경우 심리적 고통을 느끼지 못하는 것은 마땅히 그래야만 한다는 도덕적 권위가 없는 상황이기 때문이다. 즉, 이런 감정은 자기 자신이 도덕적으로 무가치함을 느낄 때 발생하는데, 이는 자기 자신의 행위가 자신이 정립한 도덕적 기준에 미치지 못한다는 가치 평가에서 연유한다. 따라서 양심의 가책은 자기 지향적이며 동시에 자기 평가적 성격의 죄책감이라 할 수 있다.

그렇다면 이런 인식은 언제, 어디서부터 시작되었을까? 일단의 학자들은 고대 희랍어 '시네이데시스'를 사용하는 문헌이 기원전 5세기에 급격하게 증가하는 것을 발견했는데, 이 시기는 고대 그리스인들이 신적인 존재에 의해 확립된 신성하고 불변적인 진리로 간주하던 전통과

질서에 대하여 회의하기 시작하는 소피스트들의 등장과 시기적으로 일치한다. "인간은 만물의 척도다"라고 말한 프로타고라스의 말이 이를 대변한다고 할 수 있다.

부연 설명을 하면, 그때까지 믿어왔던 신과 같은 외부적 절대 진리는 없고, 이를 인식하는 인간에 의해서만 진리는 확인될 수 있다는 것으로, 이때부터 도덕적 잣대로서 외부적 존재는 그 권위를 상실하게 되고 인간적 잣대가 그 중심에 서게 된다. 다시 말해 그리스인들은 자신의 내면에 존재하는 권위에 의존하기 시작했는데, 그 과정에서 내면화된 모종의 권위의 존재에 의지하게 되었고, 그것이 바로 양심, 즉 '시네이데시스'의 출현을 낳았다는 주장이다. 그리고 이런 현상은 중세 유럽 사회를 지탱해 오던 기독교가 도덕적·종교적 권위를 상실하면서 증대되었다고 말한다.

기독교적 전통은 인간의 내면에 존재하는 권위를 다른 한편에서는 증대시키기도 했는데, 그들 이론에 따르면 인간에게는 도덕적 진리를 직감적으로 간파할 수 있는 능력이 신에 의해서 천부적으로 부여되었는데, 그것이 바로 양심이라는 것이다. 즉, 신이 인간을 창조하면서 인간의 마음속에 자연적 도덕법칙을 새겨 넣었고, 그 도덕법칙을 인지하는 창窓이 양심이라는 것이다. 이 관점에서 양심은 도덕법칙을 전달하는 '신의 목소리'인 만큼 양심의 권위는 도덕법칙을 알려주는 신의 권위에서 비롯된다. 따라서 신의 목소리에 따르지 않는 것은 신의 권위를 부정하는 것이기에 양심의 가책이라는 형벌에 처해진다고 말한다.

그러나 이는 매우 비상식적인 주장이 아닐 수 없다. 양심이라는 이름으로 자행되고 있는 많은 비인도적 행위들이 이를 증명한다. 예를 들어 많은 이슬람 국가에서 가문의 명예나 종교 교리의 이름으로 무고한 여성들을 죽이는 '명예살인'이 자행되고 있는데, 이 살인의 가해자들은 내면에서 들려오는 신의 목소리를 언급하며 자신들의 행위를 정당화하곤 한다. 이는 양심적 판단이 언제나 올바르지는 않을 수 있다는 것을, 여러 가지 오류의 가능성에 노출되어 있다는 것을 여실히 보여주는 대표적 사례라고 볼 수 있다.

종교개혁을 전후하여 유럽에서는 기존 기독교적 체계가 종교적 · 도덕적 권위를 상실하면서 사람들이 각자의 내심에 존재하는 양심의 권위에 주목하기 시작했다. 이 과정에서 신교(Protestantism)에 호의적인 여러 사상가가 '양심의 자유'라는 가치를 옹호하기 시작했다. 즉, 나와 다른 양심적 신념을 가졌다는 이유로 다른 사람들을 박해하는 것은 합리적이지 않은데, 그것은 나의 신념이 거짓인 것으로, 상대방의 신념이 옳은 것으로 밝혀질 가능성을 배제할 수 없기 때문이다. 이런 생각은 양심의 자유를 지지하던 당대의 명망가인 영국의 존 밀턴(John Milton), 존 로크(John Locke), 그리고 프랑스의 피에르 베일(Pierre Bayle) 등에 의해 적극적으로 개진되었다. 이후 양심의 권위를 새롭게 정립할 필요가 있다는 학자들이 등장했다. 이들을 우리는 양심의 권위에 대한 주의주의자(volitionalists)라고 부른다.

이들의 주장에 따르면 양심이 우리의 내면에서 모종의 권위를 갖는 것은 그것이 어떤 초월적인 진리에 대한 안내자이기 때문이 아니라, 우리가 양심을 우리 자신의 가장 진실한 자아를 표상하는 것으로 여기기 때문이다. 즉 나의 양심이란 내가 누구인지를 정의하는, 나의 자아를 구성하는 본질적 요소라는 생각이다. 따라서 내가 양심에 모종의 권위를 부여하는 것은 내가 나의 본성에 가장 충실하고자 하는 모습과 동일한 것이다. 학자들은 '내가 나의 본성에 가장 충실하고자 하는 모습'을 '자기 통합성(integrity)'이라 부른다. '자기 통합성'에는 개인적/주관적 자기 통합성이 있고, 도덕적/객관적 자기 통합성이 있다. 개인적/주관적 자기 통합성은 자신의 도덕적 의무에 대한 확고한 신념을 지닌 모든 개인에게 부여될 수 있는 반면, 도덕적/객관적 자기 통합성은 공적인 도덕 기준에 의해 존중받을 만한 신념을 가진 개인들에게만 부여될 수 있는 것을 말한다.

버나드 윌리엄스(Benard Williams)는 다음의 두 가지 사례를 들고 있다.

최근 화학 박사학위를 취득한 A는 좀처럼 일자리를 구하지 못하고 있다. 아내가 생활비를 벌고 있지만 A는 아이를 둔 가장으로서 생계를 책임지지 못한다는 생각에 몹시 괴롭다. 어느 날 선배 화학자가 찾아와 생화학무기연구소의 연구원으로 일할 것을 제안한다. 그러나 A는 생화학 전쟁이 얼마나 잔혹한지 잘 알기에 제안을 거부한다. 선배는 네가 연구직을 맡지 않는다 하더라도 생화학 무기 개발에 뜻을 품고 있는 화학 박사는 많고, 혹시라도 생화학 전쟁의 위험성을 전혀 모르는 누군가가 그 연구직을 맡게 된다면 그것이 인류에게 더 우려할 만한 상황이라고 말하면서 A를 설득한다. 사실은 선배 화학자도 가급적 생화학 전쟁을 피하는 것이 좋다는 생각에, 그 위험성을 잘 알고 있는 A에게 이 연구직을 제안했던 것이다.

이 사례에서 윌리엄스는 전체 인류를 위해서라면 A는 선배의 제안을 받아들였어야 한다고 말한다. 왜냐하면 A가 연구직을 받아들임으로써 얻는 인류에 대한 효용이 A가 연구직을 거절할 때 발생할 수 있는 효용보다 더 크다고 보기 때문이다(다른 화학 박사가 이 연구직을 수행할 때는 인류에게 더 큰 피해를 줄 수 있다). 그러나 A가 생화학 전쟁에 어떤 식으로든 참여하지 않겠다는 것이 자신의 신조이고, 그 신조와 자신을 동일시한다면 그 연구직을 거절하는 것이 옳다고 윌리엄스는 말한다. 그 결정을 통해 A는 자기 통합성을 보존할 수 있기 때문이다.

윌리엄스는 또 다른 사례를 들고 있다. 제2차 세계대전 중 나치즘에 대한 확고한 신념에서 유대인을 감금하고 살해하는 독일의 군인을 상상해 보자고 한다. 오스카 쉰들러(Oscar Schindler)라는 사업가가 그에게 접근하여 유대인을 풀어주면 큰 뇌물을 주겠다고 제안한다. 그 제안에 대하여 나치 군인은 어떻게 반응하는 것이 도덕적으로 올바른 것일까? 뇌물을 받아야 할 것인가? 아니면 거절해야 할 것인가? 분명 나치 군인이 뇌물을 받지 않을 때 그의 개인적 자기 통합성은 훼손되지 않을 것이다. 나치즘이라는 신념은 그 군인의 자기 통합성을 구성하고 나아가 그의 삶에 의미를 부여하는 원칙인 반면, 뇌물을 받고 유대인을 풀어주는 것은 그러한 신념에 반하기 때문이다. 그러나 우리의 상식에서 생각해 보면 이런 판단은 이론의 여지가 있다. 인류 전체를 생각하면 나치 군인의 그런 자기 통합성은 차라리 없는 것이 더 낫다고 생각한다. 즉, 뇌물을 받고 많은 유대인을 풀어주는 것이 올바른 것이라 생각한다.

앞의 두 사례에서 개인적/주관적 자기 통합성과 도덕적/객관적 자기 통합성을 설명할 수 있다. A의 판단은 A에게 개인적/주관적 자기 통합성뿐만 아니라 도덕적/객관적 자기 통합성도 귀속될 수 있는 반면에, 나치 군인에게는 개인적/주관적 자기 통합성은 귀속될 수 있지만, 도덕적/객관적 자기 통합성은 귀속될 수 없다. 윌리엄스는 다음과 같이 설명한다.

"A가 자신의 자기 통합성을 보존하기 위하여 선배 화학자의 채용 제안을 거절한 것은 옳은 결정이었는데, 그것은 그의 자기 통합성이 개인적/주관적 자기 통합성뿐만 아니라 도덕적/객관적 자기 통합성으로 손색이 없었기 때문이다. 한편, 나치 군인이 자신의 자기 통합성을 보존하기 위하여 쉰들러의 뇌물을 받지 않은 것은 옳은 결정이 아니었는데, 그것은 그의 자기 통합

성이 개인적/주관적 자기 통합성에만 머물 뿐 도덕적/객관적

자기 통합성에는 도달하지 못했기 때문이다."

그러나 이러한 윌리엄스의 주장과는 다르게 현재 미국을 비롯한 우리

나라의 사법부에서 인정하는 양심의 주된 요소는 개인적/주관적 자기

통합성이다. 그렇게 된 이유는 미국 사법체계의 변화를 통해 알 수 있다.

마이클 샌델은 미국식 자유주의의 토대를 놓은 것으로 간주되는

건국의 아버지 중 특히 사상적으로 중요한 역할을 한 토머스 제퍼슨

(Thomas Jefferson)과 제임스 매디슨(James Madison)의 입장에서 본 종교의

자유란 종교를 마음대로 선택할 자유가 아니라고 강조한다. 독실한 종교

인에게 종교는 선택의 대상이 될 수 없기 때문이다. 그들이 말하는 종교

의 자유란 종교적 양심의 명령에 따라 종교적 의무를 자유롭게 수행할

자유를 의미한다. 즉 독실한 종교인에게는 자신의 자기 통합성을 훼손하

지 않는 한 감히 포기할 수 없는 종교적 신념이 있고, 그 신념이 명령하

는 의무를 수행할 자유, 그것이 바로 종교의 자유의 핵심이라는 것이다.

이러한 신념은 미국 사법부에 지대한 영향을 미쳤다. 따라서 양심적

병역거부와 관련한 미국 사법부의 판결은 독실한 종교인에게 있어서

종교적 양심은 인격체로서의 참된 자아를 구성한다는 가정에서 출발

한다. 그 가정하에서 독실한 종교인이 종교적 양심의 목소리를 따르지

않는 것은 자아를 파괴하는 것이고, 그런 점에서 그것은 자신의 자기

통합성을 포기하는 것과 같다는 입장이다. 그리고 이 논리가 종교적 양심이 국가에 의해서 보호되어야 하는지에 대한 미국 사법부의 가장 중요한 논거가 되었다.

마이클 샌델은 양심을 정의하면서, 공적인 도덕관념에 부합해야 한다는 조건을 일절 언급하지 않았다. 그것은 개인적/주관적 판단이 설사 사실 판단에서 오류가 존재하고 또한 공적 도덕관념에 비추어 사악하기 짝이 없는 신념일지라도, 앞서 소개한 나치 군인의 신념처럼 그 신념이 행위자의 참된 자아를 정의하고 자기 통합성을 파괴하지 않는다면 그 신념은 양심적 신념으로 간주되어야 함을 의미한다. 이는 양심이 개인적/주관적 자기 통합성에 기반한 것임을 강조하는 것이다.

그렇다면 우리나라 사법부에서는 양심을 어떻게 정의하고 있을까? 헌법재판소는 2018년 병역법 제5조에 대하여 헌법 불일치 판결[18]을 내리면서 양심적 병역거부를 합법화하는 물꼬를 텄는데, 그때 작성된 결정문에서 우리나라 사법기관에서 보는 양심에 대한 정의를 알 수 있다. 그 주요 내용을 인용해 보면 다음과 같다.

"헌법상 보호되는 양심은 어떤 일의 옳고 그름을 판단함에 있

---

18 헌법재판소 2018년 6월 28일 선고 2011헌바 379 전원재판부 결정. 병역법 제5조는 병역의 종류를 지정한 법조문이다. 헌법재판소가 그 법조문에 대하여 헌법 불합치 판결을 내린 핵심 근거는 그것이 양심적 병역거부자들을 고려한 대체복무를 병역의 종류 중 하나로 포함하지 않았다는 것이다.

어서 그렇게 행동하지 아니하고는 자신의 인격적인 존재가치가 허물어지고 말 것이라는 강력하고 진지한 마음의 소리로서 절박하고 구체적인 양심을 말한다. ……이때 양심은 민주적 다수의 사고나 가치관과 일치하는 것이 아니라, 개인적 현상으로서 지극히 주관적인 것이다. 양심은 그 대상이나 내용 또는 동기에 의하여 판단될 수 없으며, 특히 양심상의 결정이 이성적·합리적인가, 타당한가 또는 법질서나 사회규범, 도덕률과 일치하는가 하는 관점은 양심의 존재를 판단하는 기준이 될 수 없다. 이처럼 양심은 사회 다수의 정의관·도덕관과 일치하지 않을 수 있으며, 오히려 헌법상 양심의 자유가 문제되는 상황은 개인의 양심이 국가의 법질서나 사회의 도덕률에 부합하지 않는 경우이므로, 헌법에 의해 보호받는 양심은 법질서와 도덕에 부합하는 사고를 가진 다수가 아니라 '소수자'의 양심이 되기 마련이다. 특정한 내적인 확신 또는 신념이 양심으로 형성된 이상 그 내용 여하를 떠나 양심의 자유에 의해 보호되는 양심이 될 수 있으므로, 헌법상 양심의 자유에 의해 보호받는 양심으로 인정할 것인지의 판단은 그것이 깊고, 확고하며, 진실된 것인지 여부에 따르게 된다. 그리하여 양심적 병역거부를 주장하는 사람은 자신의 양심을 외부로 표명하여 증명할 최소한의 의무를 진다.”

이 판결문을 보면 대한민국 사법부의 양심관 역시 마이클 샌델의 관점과 일치하는 것을 볼 수 있다. 지금까지 살펴보았듯이, 양심이 사법적으로 중요한 이유는 양심이 도덕적 진리에 대한 신뢰할 만한 담지자이기 때문이 아니다. 그것이 사법적으로 중요한 이유는 그것이 인격체의 자기 통합성, 특히 그 인격체의 개인적/주관적 자기 통합성의 중요한 구성 요소이기 때문이다. 인격체가 그 자기 통합성을 상실할 때 인격적 존재가치가 허물어지는 파국적인 결과가 초래되기 때문에 양심은 국가에 의해 보호되어야 한다는 것이, 양심이 왜 사법적으로 중요한가에 대한 헌법재판소의 답변인 것이다.

나는 개인적으로는 윌리엄스가 주장한 개인적/주관적 자기통합성과 도덕적/객관적 자기 통합성 모두를 충족할 때를 진정한 양심이라고 믿고 싶다. 왜냐하면 한 인격체의 양심이 근본적으로 잘못된 믿음에 근거하거나 도덕적으로 지탄받을 수 있는 잘못된 신념에서 비롯될 가능성도 배제할 수 없기 때문이다. 그러나 미국의 법원이나 대한민국의 법원이 이런 위험성을 모를 리 없음에도 불구하고 이런 입장을 고수하고 있다는 것은 그만큼 인간이라는 한 개인의 인격체를 존중하는 역사적 전통이 뿌리 깊게 내려오고 있음을 보여주는 것이다. 그만큼 한 개인의 인격과 그 내면의 목소리는 소중한 것이라는 의미이다.

양심의 심리적 의미

한편, 양심은 법률적 의미 이전에 인간의 심리적 차원에서도 중요하다는 연구 결과가 있다. 앞서서 양심이란 한 인격체의 자기 통합성이라고 했다. 그래서 인간은 자신이 생각하고 있는 도덕적 권위에 반하는 행동을 했을 때는 죄책감을 느낀다. 그런데 한 인간이 느끼는 도덕적 권위는 어느 날 갑자기 누군가의 머릿속에 만들어지는 것이 아니고, 성장하면서 사회적 영향을 받는다. 따라서 인간은 사회적 규범을 위반했을 때에도 죄책감을 느낀다. 이 감정은 친사회적이고 도덕적인 감정으로 간주되며 범죄자나 가해자가 잘못을 바로잡고 손상된 사회적 관계를 회복하며 선행을 하도록 동기를 부여한다. 따라서 어떤 행동에 죄책감을 느끼게 되면 같은 행동을 할 가능성은 줄어든다.

인간은 이런 죄책감을 없애기 위해 자연스러운 정화 행위를 만들어 왔는데, 대표적인 것이 자기 스스로에 대한 처벌 행위이다. 수많은 종교적 전통에는 죄가 있을 때 행하는 고통 의식이 존재한다. 2011년, 일단의 연구팀이 이와 관련된 실험을 했다. 그 연구팀은 다른 사람을 거부하거나 따돌림을 행했던 사람과 일상적인 생활을 한 사람으로 실험군을 나눠서 전날 나눴던 이야기에 관해 글을 쓰도록 했다. 해당 사건과 관련해서 자신의 감정을 평가하라는 질문을 받았을 때, 따돌림을 행한 이들은 다른 사람들보다 더 자신을 부정적으로 평가했다. 또한 이들은 섭씨 1도 정도의 차가운 물이 담긴 양동이에 손을 최대한 오래 담그도록 지시하고 죄책감에 관련된 설문을 받기로 했고, 보통의 사람들은 따뜻한 물에 손을 담그라는 지시를 했는데, 전날 따돌림 행위를 한 사람들은 보통의 사람들보다 차가운 물에 손을 더 오래 담그고 있는 것이 관찰되었다. 뿐만 아니라 이들은 차가운 물에 손을 담근 후에는 죄책감을 덜 느끼게 되었다고 말하는 것이 관찰되었다고 한다.

이 연구는 사람들이 자신의 죄책감을 줄이기 위해 영혼을 정화하는 수단으로서 신체적 고통을 이용하는 경향이 있음을 시사한다고 할 수 있다. 이것은 국가 또는 사회적으로 처벌을 하지 않기 때문에 자기 스스로 자기를 처벌하는 것과 관련이 있으며, 이는 책임과도 연관이 된다. 즉 외부에서 책임을 묻지 않기 때문에 스스로 자신에게 책임을 물음으로써 자기 자신을 본래의 상태로 정화하는 것이라 볼 수 있다.

인간 사회는 수많은 계층적 구조로 연결되어 있다. 일반적인 계층적 구조에서는 상급자가 계획을 전달하거나 명령하면, 중간 계급자는 이를 하위 계급자에게 하달하고, 말단 부하들이 이를 실행한다. 따라서 그 행위의 최종 결과에 대해서 최고 상급자는 결정에 책임이 있지만 최종 결과와는 다소 거리가 있고, 말단 부하는 시행에 대한 책임은 느끼지만 시행하도록 결정한 사항에 대해서는 책임을 느끼지 못하게 된다. 중간 계급에 있는 사람이 가장 책임을 느끼지 못하는 것이다. 이는 많은 실험을 통해서도 증명된다.

따라서 중간 계급에 있는 사람은 어떤 명령이라도 절대복종하기에 심리적으로 아주 유리하다. 이들은 최초의 명령에 책임을 지지 않으면서도 행동에 따른 책임도 지지 않기 때문이다. 제2차 세계대전 시, 수많은 유대인을 학살했던 아돌프 아이히만(Adolf Eichmann)은 1961년 이스라엘에서 재판을 받는 동안 이렇게 주장했다. "사실 나는 독일 제국의 지시를 수행하는 기계의 작은 톱니바퀴에 불과했습니다." 유대인 학살을 지시한 사람은 히틀러이고, 직접 학살한 사람은 부하 직원들이었기에 자신은 책임이 없다는 주장이었다. 나치는 이러한 인간의 심리를 이용해서 불법적인 명령에 대한 책임을 수많은 조직과 사람에게 분산했다. 분산된 책임으로 인해 사람들은 죄책감을 느끼지 못하거나 느끼더라도 적게 느끼게 되었고, 이것이 나치의 학살이 대규모로 가능했던 이유 중 하나이다. 양심은 책임을 통해 인간 사회에 구체적으로 나타났고, 대규모 학살을 자행한 집단은 늘 인간의 책임을 회피했다.

우리는 이제 새로운 시대에 접어들고 있다. 이전에는 인간 중심의 계층적 사슬이 전부였는데, 이제는 그 사슬에 새로운 기술들이 포함되고 있다. 로봇, 인공지능, 드론 등의 사용은 복잡하고 광범위한 방식으로 인간의 책임 영역을 변화시키고 있다. 인간이 인간에게 명령하는 것과, 인간이 로봇이나 인공지능에게 명령하는 것 중에 어느 쪽이 더 책임을 느낄까?

벨기에 헨트(Ghent)대학교 실험심리학과 부교수인 에밀리 A. 캐스파

(Emilie A. Caspar)는 이와 관련된 실험을 했는데, 실험 결과에 따르면 응답자는 로봇에게 명령을 내릴 때가 인간에게 명령을 내릴 때보다 더 큰 책임감을 느끼는 것으로 나타났다. 이는 책임 분산 현상에 근거한 예측과도 일치하는데 인간은 스스로 책임이 있다고 여겨지는 다른 개체와 함께 행동하면 자신의 책임감이 줄어들고, 책임이 없다고 여겨지는 개체와 함께 행동하면 책임감이 늘어나는데, 로봇은 책임이 없다고 여겨지기 때문에 인간이 인식하는 책임감이 더 커지는 경향이 있다는 것이다.

우리가 로봇에게 책임이 없다고 여기는 까닭은 무엇일까? 그것은 로봇은 스스로 생각할 능력이 없기 때문이다. 스스로 생각할 수 없다는 것은 자신의 행동에 스스로 책임을 질 수 없으며 이는 곧 죄책감도 느낄 수 없을뿐더러 양심도 존재하지 않는다는 것을 의미한다. 양심의 존재는 아무리 상명하복이 중요시되는 군인일지라도 자신의 행동에 대한 책임을 스스로 져야 한다는 것을 의미한다. 상급자가 지시해서 무조건 따랐기 때문에 나는 책임이 없다는 것은, 나는 로봇이라고 말하는 것과 다름이 없다.

제6장

군인

군인은 정당한 전쟁(Justice of War)에서 정당한 수단과 방법(Justice in War)을 수행하는 무력 집단이라는 의미이고, 이는 역으로 생각하면 정당하지 않은 전쟁에서 정당하지 않은 방법과 수단을 사용하는 무력 집단은 군인이 아니라 테러 집단의 조직원, 또는 길거리 깡패와 같은 집단이라는 의미이다.

"가미카제는 약탈도 노략질도 하지 않았고, 자기만 살고 남을 죽이지도 않았다. 적어도 그들은 단 1초라도 희생자들보다 먼저 죽었다."

**- 볼프 슈나이더(Wolf Dietrich Schneider),
『군인, 영웅과 희생자, 괴물들의 세계사』 중에서 -**

"전쟁 중 '천황폐하 만세!', '대일본제국 만세!'를 외치며 죽었다고들 하는데 난 그런 전우는 단 한 명도 보질 못했어요. 모두가 마지막 순간 '엄마!'를 외치더군요."

- 조종사였던 하라다 가나메가 한국 언론과의 인터뷰에서 한 증언 -

전투 수단 가운데 가장 효과적인 것은 실행자가 살아남을 생각을 하지 않는 자살 공격이다. 2001년 9월 11일 뉴욕의 무역센터 두 건물에 충돌해서 건물을 붕괴시킨 범인들만큼 강렬하게 자살 폭탄 테러의 흔적을 전 지구적 상황으로 인류에게 각인시킨 경우는 없었다. 정신이 또렷한 상태에서 스스로 죽을 생각으로 살인을 저지르는 것, 즉 자기 보존의 본능에 명백하게 역행하는 이 섬뜩한 행위는 12세기 아사신(Assassin)[19]

---

19 아사신은 이슬람 이스마일파의 한 분파로 엄격한 규율과 훈련을 통해 종교적인 적대자와 정적을 암살하는 것으로 유명하다. 그래서 일명 '암살 교단'이라고도 한다.

에 관한 이야기로 처음 알려져 있다.

아사신은 '해시시를 피우는 사람들'이라는 말에서 유래했는데, 당시 이슬람의 한 시아파 광신도 공동체의 젊은 신도들을 그렇게 불렀다. 아사신 암살범들은 단도를 품에 숨기고 들어가 상대방 또는 목표물을 제거했다. 그런데 동시대인들에게 엄청난 경악을 불러일으킨 건 그들이 목표물을 제거한 다음에 한 행동이었다. 도주할 생각을 하지 않고 마치 기다렸다는 듯이 경호원들의 창칼에 찔려 죽은 것이었다. 오늘날의 자살 테러범들은 어쩔 수 없이 희생자와 함께 스스로 목숨을 끊는다면 아사신파는 의도적으로 자신의 목숨을 태연히 내놓았다. 이런 강렬한 인상으로 인해 아사신파는 영어뿐 아니라 라틴어 계열의 언어권에서 '암살(assassinate, assassiner)'이라는 단어의 뿌리가 되었다.

일본인들은 1281년 몽골의 함대를 침몰시켜 나라를 구해준 태풍을 '가미카제(神風)'라 불렀는데, 미국과의 태평양 전쟁 중에는 자신들의 비행기 자살 특공대를 그렇게 불렀다. 그러나 가미카제는 적어도 과거의 아사신이나 현대의 알카에다와는 달리 군인의 방식을 준수했는데, 무장한 군인이 무장한 적군만 공격했기 때문이다.

자살 비행단은 1944년 10월 필리핀 주둔 일본 해군항공대 사령관 오니시 다키지로(大西瀧治郎) 제독이 창설했다. 당시 일본의 점령지 중 마지막 보루였던 필리핀은 풍전등화의 상황이었다. 미군의 항공모함은 막강한 전투력으로 승승장구하고 있는 반면에, 일본의 공군력은 절망

미국 해군 항공모함 사라토가(Saratoga) 함이 1945년 2월 21일 오후 5시경 치치지마 섬 근처에서 5
대의 '가미카제' 자살 공격기들이 앞쪽 비행 갑판에 충돌한 후 불타고 있다. 이 공격으로 인해 승조원
123명이 사망하거나 실종되었다. '자살 공격'은 애초부터 죽기를 각오하고 폭약과 같은 인화물을 신체
의 일부분에 소지하거나 운송수단에 실은 채 목표물에 직접 뛰어들거나 충돌하여 목표물을 파괴하거
나 피해를 입히는 행위로서, 더구나 상급부대 차원에서 미리 계획된다는 점에서 귀중한 생명을 단순한
전투 수단으로 전락시키는 비윤리적이며, 인권과는 거리가 먼 파렴치한 행위라 할 수 있다. 가미카제는
애초부터 '자살 공격'을 목적으로 만든 부대였음은 두말할 나위가 없다. 따라서 우리는 이를 비난할 수
밖에 없고 반드시 비난해야만 한다. 이런 사실은 우리에게 "군인은 단순히 용감하기만 해서는 안 된다"
는 교훈을 준다. 〈사진 출처: WIKIMEDIA COMMONS | Public Domain〉

적인 상태였다. 오니시는 이런 계산을 했다. 만일 일본 전투기가 미군 항공모함을 공격해도 정확하게 명중할 확률은 희박하고, 기지로 돌아올 가능성도 희박하다. 또한 일본 전투기에 실을 수 있는 폭탄은 최대 250kg에 불과해서 설령 미 항공모함을 명중시킨다고 해도 심각한 타격을 줄 수도 없다. 그렇다면 어차피 폭격 후 기지로 돌아올 확률이 희박하니 아예 그 가능성을 포기해 버리면 어떻게 될까? 항공모함에 명중할 확률과 심각한 타격을 입힐 가능성이 현저히 커지지 않을까? 자신이 조종하는 비행기와 함께 적함으로 돌진하는 조종사는 목표물을 놓치기 어려울 것이고, 폭탄의 위력도 비행기 충돌로 몇 배는 더 강해질 것이다. 게다가 항공모함의 여러 부위 중 전투기를 격납고에서 활주로로 옮기는 엘리베이터 샤프트 부분에 명중한다면 항공모함에 탑재된 적 비행기는 몇 주 동안 마비 상태에 빠질 것이다.

오니시의 계획은 일본 군부의 승인을 받았고, 이후에는 일본 공군의 주요 전술이 되었다. 가미카제 모험의 결과는 어땠을까? 당시 출동한 비행기 중 1,428대가 돌아오지 못했다. 그중에는 목표물에 도달하기 전에 격추된 비행기와 다른 동행 비행기도 포함되어 있기에 대략 1,100명이 조종사가 목표물에 충돌해 죽음을 맞이한 것으로 추정된다. 그중에는 제독도 두 명이나 있었다. 자살 비행단은 미군의 항공모함 3척과 구축함 14척을 비롯해 총 34척의 전함을 침몰시켰다. 파손된 선박도 288척이었는데 항공모함 36척과 전함 15척이 포함되어 있었다.

제대로 된 교육과정도 거치지 못한 채 속성으로 양성한 조종사들이 이 정도 성과를 낸 것이라면 군사적으로는 성공적이라 볼 수도 있었다. 물론 오니시도 이 부대를 통해 일본이 궁극적으로 승리할 것이라고는 생각하지 않았다. 그는 1945년 1월 이렇게 선언했다. "우리가 패배할지언정 가미카제 비행단의 희생정신은 우리 조국이 완전히 붕괴하지 않도록 지켜줄 것이다." 전쟁이 끝났을 때 오니시는 자신의 책임을 받아들이는 뜻에서 할복자살했다. 군인 오니시의 행동을 어떻게 평가해야 할까?

일본의 자살 특공대는 미국의 민간인이나 민간 시설에 대한 공격을 감행한 일도 없었고 비겁한 술수를 쓰지도 않았다. 즉, 전쟁범죄를 저지르지는 않았다. 특공대원들도 대부분 자발적으로 선발되었다. 전쟁 막바지인 1945년에는 조종사 부족으로 강제 배치하는 일이 발생하기도 했지만, 그들 대부분은 이 또한 피할 수 없는 자신의 운명으로 받아들였다.[20] 당시 가미카제 조종사로 선발되었던 마쓰오 이사오 상사는 감격에 젖어 이런 편지를 집으로 보내기도 했다.

"사랑하는 부모님!, 축하해 주십시오! 드디어 영광스럽게 죽을 기회를 얻었습니다.……유리잔이 깨지는 것처럼 우리의 최후도

---

20 이는 독특한 일본의 천황 숭배와 억압적인 사회적 배경이 원인이라는 것이 전쟁 후 분석한 전문가의 의견이다. 따라서 스스로 원해서 지원했다기보다는 어찌할 도리가 없어서 지원한 경우가 대부분이라는 설명이다. 지원을 거부하여 패배주의자로 낙인찍히면 조종사 당사자뿐만 아니라 가족들까지도 배척되었기 때문에, 이들이 자발적 지원을 거부한다고 하는 것은 있을 수 없다는 의견도 많다.

매끈하게 빨리 끝나기만 바랍니다!"

선발된 조종사들은 실제 작전에 투입될 때까지 쾌활하게 지냈다. 대부분 사후의 삶을 믿었고 야스쿠니 신사에 묻히는 것을 영광으로 알고 있었기 때문이다. 그렇다면 부하들이 전쟁범죄를 저지르지 않았으면서도 군사적 목적을 달성하도록 했고, 승리하지 못한 것에 대한 책임을 할복자살로 대신한 오니시의 행위를 우리는 바람직하다고 말할 수 있을까? 과거 서양의 중세 시대나 일본의 막부 시대라면 그렇게 말할 수도 있을지 모른다. 그러나 현대의 우리는 그렇게 말할 수 없다. 일본이 수행한 전쟁 자체가 정당한 전쟁이 아니었을 뿐만 아니라, 전쟁 수행 방법도 부하들을 뻔한 죽음으로 몰고 가는 단순한 수단으로 활용하는 식이었기 때문이다. 인간의 존엄성을 심각하게 훼손한 인권유린 사태라 말할 수 있다. 그리고 이를 승인한 일본의 군 수뇌부 또한 그 책임을 면할 수 없다. 자신의 부하들을 죽음으로 몰아넣고 이를 독려한 행위는 어떠한 명분으로도 정당화될 수 없다. 그리고 오늘날의 기준에서 보면 이런 지휘는 오히려 부하들의 사기를 떨어뜨리고, 고급 인재를 소모함으로써 장기적으로는 전쟁 수행 능력을 더욱더 약화시킬 뿐이다. 그래서 당시 태평양 방면 연합군 사령관이었던 더글러스 맥아더는 자서전에서 가미카제에 대해서 이렇게 언급하고 있다.

"조종사라는 고급 인력을 무의미하게 소비하다니. 나였으면 그런 명령을 내린 놈을 그 자리에서 쏴 죽였을 것이다."

여기서 우리는 '자살적 공격'과 '자살 공격'을 구별해야 한다. '자살적 공격'이란 적과 아군이 서로 치열하게 싸우다가 한쪽이 일방적으로 수세에 몰렸을 경우 자폭을 감행하면서 적에게 타격을 가하는 행위로 이러한 행위는 아군은 물론 적군에게서도 용감한 죽음으로 높이 추앙된다. 그리고 이런 경향은 거의 모든 문화권에 존재한다. 진주만 공습 당

용산 전쟁기념관에 전시된 '육탄 10용사' 부조상. 1949년 5월 4일, 개성 송악산에서 자폭 공격을 하여 북한군 특화점을 폭파시키는 전공을 세웠다. 정부는 고인들의 공훈을 기려 추서 진급과 함께 을지무공 훈장을 추서했다. 이들은 '자살 공격'이 아니라 '자살적 공격'을 수행했다. '자살적 공격'이란 적과 아군이 서로 치열하게 싸우다가 한쪽이 일방적으로 수세에 몰렸을 경우 자폭을 감행하면서 적에게 타격을 가하는 행위로 이러한 행위는 아군은 물론 적군에게서도 용감한 죽음으로 높이 추앙된다. 이런 경향은 거의 모든 문화권에 존재한다. 〈사진 출처: WIKIMEDIA COMMONS | CC BY-SA 4.0〉

시 일본 해군 조종사 이이다 후사타(飯田房太) 대위는 미군의 사격으로 비행기의 연료탱크가 파괴되어 이도 저도 못하는 상황이 발생하자 미 해군 항공대의 격납고를 향해 돌진했다. 비록 격납고를 파괴하지 못하고 땅에 부딪혀 폭발했지만, 이를 목격한 미군들은 그의 용맹성을 인정하여 정중히 장례를 치러주었을 뿐만 아니라 추모비를 세우기까지 했다. 미군도 마찬가지였다. 미드웨이 해전에서 리처드 E. 플레밍(Richard E. Fleming) 대위는 일본 순양함을 공격하다가 비행기가 피격되자 순양함을 들이받고 전사했다. 플레밍 대위는 사후 명예훈장을 받았다.

반면 '자살 공격'은 애초부터 죽기를 각오하고 폭약과 같은 인화물을 신체의 일부분에 소지하거나 운송수단에 실은 채 목표물에 직접 뛰어들거나 충돌하여 목표물을 파괴하거나 피해를 입히는 행위로서, 상급부대 차원에서 미리 계획된다는 점에서 귀중한 생명을 단순한 전투 수단으로 전락시키는 비윤리적이며, 인권과는 거리가 먼 파렴치한 행위라 할 수 있다. 가미카제는 애초부터 '자살 공격'을 목적으로 만든 부대였음은 두말할 나위가 없다. 따라서 우리는 이를 비난할 수밖에 없고 반드시 비난해야만 한다. 이런 사실은 우리에게 "군인은 단순히 용감하기만 해서는 안 된다"는 교훈을 준다.

9·11 테러범이나 가미카제 특공대원 용감성 자체만을 따져보면 모두 최고의 단계에 도달했다고 할 수 있다. 그렇다면 테러단체의 조직원과 군인의 차이점은 무엇일까? 가장 큰 차이점은 군인은 명예를 가장

소중하게 생각하는데, 이 명예는 정의로운 전쟁론의 양대 윤리 원칙인 '전쟁의 정당성(Justice of War)'과 '전쟁에서의 정당성(Justice in War)'을 준수하는 무력 집단이라는 점이다. 전쟁의 정당성은 '이 전쟁이 정당한가'라는 물음이고, 전쟁에서의 정당성은 '전쟁을 수행하는 수단과 방법이 정당한가'라는 물음이다. 다시 말해서 군인은 정당한 전쟁에서, 정당한 수단과 방법을 수행하는 무력 집단이라는 의미이고, 이는 역으로 생각하면 정당하지 않은 전쟁에서 정당하지 않은 방법과 수단을 사용하는 무력 집단은 군인이 아니라 테러 집단의 조직원, 또는 길거리 깡패와 같은 집단이라는 의미이다.

그래서 국제사회는 전시국제법(전쟁법)을 제정하여 국가 간의 무력 분쟁에 대한 한계를 설정하고 군인을 민간인과 구분하여 지켜야 할 의무와 찾을 수 있는 권리를 규정하고 있다. 물론, 현대 국제사회를 초국가적으로 통제하는 통일된 절대적 국가나 권력은 없다. 따라서 전시국제법의 실효성에 대한 논란은 사라지지 않고 있다. 그럼에도 불구하고 이 법은 많은 국가와 현대인들이 전쟁과 군을 바라보는 기본적 시각과 전쟁범죄에 대한 가이드라인을 제시해 준다는 의미에서 그 권위를 인정받고 있다.

군인을 여타의 폭력 집단 조직원과 구분한다는 점에서 전시국제법의 기본 원칙만큼은 반드시 알아야 한다고 생각하기에 소개해 보면, 법률에 명시된 3개 원칙이 있고, 법률에 명시는 안 되었지만 관습적으로 적용되는 1개 원칙 등 총 4개의 원칙이 있다.

첫째, '군사적 필요성의 원칙'이다. 이 원칙은 교전 당사국은 최소한의 기간과 비용 내에 최소한의 인명 피해로 적을 항복시키는 것을 지향해야 한다는 원칙이다. 이 원칙의 세부 내용에는 '반드시 필요하지 않은 전투력은 사용할 수 없다'는 내용을 포함한다. 둘째, '분별의 원칙'이다. 이 원칙에 의해 군사작전은 교전자만을 상대로 하며 교전자가 아닌 민간인이나 포로, 상병자(부상자) 등은 전쟁 중에도 공격 대상이 될 수 없다. 따라서 의료기관이나 민간인 부지를 공격하는 것은 전쟁법에 위배된다. 셋째, '비례의 원칙'이다. 이 원칙에 따르면 군사적 목적을 달성하기 위해 필요 이상의 전투력은 사용할 수 없다. 전투력 사용 과정에서 달성하는 성과와 그 과정에서 발생하는 피해를 비례 계산하여 균형 시험(balancing test)을 시행했을 때 부수적 피해가 과도하다고 판단되면 전시국제법에 따라 처형될 수 있다. 그리고 관례적으로 적용되는 원칙으로 '인도주의 원칙'이 있다. 이 원칙에 의해 전쟁 목적상 필요하지 않은 폭력 행위는 그 종류와 정도를 막론하고 허용되지 않는다. 예를 들어, 상병자(부상자)와 포로는 이미 적에 대해 위협이 되지 못하기 때문에 적대행위로부터 보호받을 권리가 있다.

이러한 원칙에 의해 구성된 전시국제법의 주요 내용에는 전투원은 교전자라는 것이 드러나도록 군복을 입어야 하고, 적대성을 숨기기 위해 백기나 적십자기를 이용하는 등의 행위, 민간인 복장이나 상대 군복으로 위장하는 행위 등은 할 수 없도록 규정하고 있다. 만일 이를 어기다 체포되면 전쟁 포로로 대우받지 못할 뿐만 아니라 전쟁법 위반 혐의로 처벌받을 수 있다.

군을 거쳐 간 많은 선배와 예비역들은, 군인의 존재 목적은 전쟁에서 승리하는 데 있다고 말하면서 그 과정과 수단 및 방법을 경시한다. 전쟁에서 패배했는데, 그 과정과 수단의 정당성이 무슨 의미가 있느냐며 오직 승리만이 모든 것을 정당화한다고 주장한다. 그러나 나는 이러한 입장을 분명히 반대한다. 전쟁은 그 자체가 목적이 아니다. 일찍이 프로이센의 군사사상가 클라우제비츠(Carl Phillip Gottlieb von Clausewitz)도 말했듯이 전쟁이란 다른 수단에 의한 정치, 즉 정치적 목적을 위한 수단일 뿐이다. 그리고 적은 섬멸 즉 멸종의 대상이 아니다. 지금 피를 흘리며 싸우는 적이라 할지라도 정치적 목적을 달리하는 정부가 들어서거나 다른 이유에 의해서 내일의 친구가 될 수도 있는 것이 오늘날 국제관계의 현실이다. 제2차 세계대전 시 연합국의 적이었던 독일과 일본은 지금 국제 세계의 당당한 선진국으로 재도약하여 자유와 민주주의의 가치를 수호하기 위해 중요한 역할을 수행하고 있다.

또한 대한민국 국민이 다 죽고 나서 승리한다면 무슨 의미가 있겠는가? 그보다는 차라리 강화조약을 통해 국민을 살리는 것이 우선이고, 부하들을 다 죽이는 것보다는 적에게 포로로 잡혀서 훗날을 도모하는 것이 더 낫다. 그러나 아직도 일부에서는 일본군의 '전 국민 1억 옥쇄

설'이나 가미카제식의 자살 공격을 군인들이 본받아야 할 군인정신으로 미화하는 사람들이 있다. 실로 안타까운 일이 아닐 수 없다.

군인과 국방공무원

"군대 지휘는 역동적이고 질서정연한 특성을 잃어가고 있고 도전에 대한 용기를 잃고 대응만 하려 했다. 모든 일을 올바르게 하고 모든 일상사를 세부적으로 검사해야 하며, 각종 무의미한 교범이나 규정을 지키고 자신의 출세를 위해 위험이나 결단을 회피해야 하므로 장교단과 부사관단도 변화하기 시작했다. 스스로를 냉소하여 '국방공무원'이라고 부르기 시작했다."

이 글은 디르크 W. 외팅의 『임무형 전술의 어제와 오늘』이라는 책에서 베트남전 이후 미군에 민간 기업의 관리이론이 적용되면서 발생한 부작용을 언급한 내용이다. 그렇다면 군인과 국방공무원(관료)의 차이점은 무엇일까? 고전적 자유주의 경제학자의 거장인 루트비히 폰 미제스(Ludwig von Mises)는 자신의 저서 『관료제(Bureaucracy)』의 서문에서 관료에 대해서 이렇게 쓰고 있다.

"관료(bureaucrat) 또는 관료적(bureaucratic)이라는 용어는 통상

부정적으로 더 많이 쓰인다. 그리고 이런 부정적 의미는 미국과 기타 민주국가들에 한정되어 있지 않다. 그것은 보편적인 현상이다. ……이 관료 체제는 본질적으로 반자유주의적이고, 비미국적이라는 점, 그것은 헌법의 정신과 자의에 어긋난다는 점, 그리고 그것은 스탈린과 히틀러의 전체주의 방식들의 복제품이라는 점에 의문의 여지가 없다."

관료제[21]는 조직 내에서 개인의 창의성이나 자율적인 의사결정을 제한한다. 모든 결정은 상위 계층의 지침과 규칙에 따라 결정되기 때문에 혁신적인 시도나 변화에 대한 저항이 클 수밖에 없다. 또한 정치적 목표나 압력에 의해 영향을 받을 수밖에 없다. 물론 공무원도 특정 정당에 대한 지지나 반대를 표명하는 등의 정치적 행위를 할 수 없는 것은 군인과 동일하다. 그러나 그들이 현재 수행하고 있는 행정행위 자체는 정부 여당의 정책을 수행하는 것으로 제한된다. 따라서 소극적으로나마 정치적 영향력에 동조할 수밖에 없다. 미제스는 이런 점을 지적했기 때문에 관료제를 본질적으로 반자유적이고 헌법의 정신과 자의에 어긋난다고 지적했던 것이다.

---

21 중국의 역사가이자 작가인 이중톈(易中天)은 『제국의 슬픔』에서 전쟁과 관료사회의 문제점에 대해서 이렇게 말했다. "전쟁터에는 부패 현상이 없지만 경기장에는 부패가 있는 이유는, 전쟁터에는 무력에 의존하는 반면 경기장에는 공연적 소요를 고려한 상업성에 의존하기 때문에 비리가 발생한다"고 말했다. 그러면서 이런 비리가 발생하는 근본적인 이유를 관료사회가 권력에 기반하기 때문으로 보았다.

그러나 군대 조직은 본질적으로 그런 경직된 관료조직이 아니다. 고대로부터 군 조직의 장(장군)은 정치로부터 고도의 자율성을 유지해 왔고, 현대는 고도의 정치적 중립을 요구하고 있다. 공무원의 정치적 중립이 특정 정당, 특정 정치인의 영향력으로부터의 중립이라면, 군인의 정치적 중립은 '정치' 자체로부터의 중립이다. 이것이 지켜지지 않을 때, 미제스가 말한 스탈린과 히틀러의 전체주의 방식의 복제품[22]이 될 것이다.

한편, 독일 연방군의 참모총장은 1985년도 지휘서신에서 임무형 전술에 대해 다음과 같이 언급하고 있다.

"임무를 통한 지휘란 육군에서 전시·평시에 적용하고 있는 지휘형태이며 규범이다. 임무를 통한 지휘 시 상호신뢰와 보장된 행동의 자유를 통해 상·하급자 간의 관계는 개방되어 있다. 이와 같은 지휘방식이야말로 상부와 하부로부터 스스로를 방어하는 성향, 생각 없는 무조건적인 명령 이행, 관료주의적으로 규

---

22 히틀러와 스탈린의 학살에 관한 내용을 기술한 티머시 스나이더(Timothy Snyder)의 『피에 젖은 땅(Blood Lands)』에서 저자는 이렇게 언급한다. "20세기 중반 유럽대륙의 중앙부에서, 나치 독일과 소비에트 러시아는 약 1,400만 명의 사람을 살육했다. 그 희생자들이 쓰러져간 땅, 블러드 랜드(blood lands)는 폴란드 중부에서 러시아 서부, 우크라이나, 벨라루스, 발트 연안국들에 이른다. 스탈린주의와 국가사회주의가 세력을 굳히던 시기(1933~1938), 독소의 합동 폴란드 침공(1939~1941), 독소전쟁(1941~1945) 동안, 사상 초유의 대학살이 이들 지역에서 벌어졌다. 희생자들은 주로 유대인, 벨라루스인, 우크라이나인, 폴란드인, 러시아인, 발트 연안국 국민들이었다. 1,400만 명이 1933년에서 1945년까지 겨우 12년 동안 학살되던 때는 히틀러와 스탈린 둘의 집권기였다."

격화되어가는 경향 등으로부터 보호받을 수 있는 방법이다."

　군인과 국방공무원과의 차이는 단순히 군복을 입고 계급장을 달고 있느냐, 사복을 입고 있느냐의 문제만은 아니다. 우선은 적용되는 법률 자체가 다르다. 군인은 군인사법, 군형법 등 군인을 대상으로 하는 법률의 적용을 받으나, 국방공무원은 민간인의 법률을 적용받는다. 그리고 그 차이는 이루 헤아릴 수 없을 만큼 많겠지만, 나는 가장 큰 차이로 직접 적과 전투를 하느냐 하지 않느냐의 차이로 구분하고 싶다. 당연히 군인은 적과 직접 전투를 해야 하며, 승리를 위해서는 적을 살상해야만 한다. 전시국제법은 군인이 전투 중 적을 사살했을 때에는 죄가 되지 않고 정당한 행위로 인정한다. 반면 국방공무원이 적을 사살했을 경우에는 살인죄에 해당된다. 물론, 반대로 적군이 아군을 사살해도 죄가 되지 않지만, 적군이 우리 국방공무원을 사살하면 살인죄가 된다. 이것은 적군도 '군인'이라는 신분을 갖고 있기 때문이다.

　이처럼 군인은 상대국 군인을 살상할 수 있는 권리를 국제법적으로 인정받는 존재이다. 상대방 군인이 적군이라는 이유로 이름도, 성도, 얼굴도 모르지만 아군의 승리를 위해 적국의 군인을 합법적으로 살상할 수 있는 존재이며 마찬가지로 나 또한 적군에 의해 언제 어디서 살상당할지도 모르는 존재이다. 삶과 죽음이 오가는 전선의 한가운데 있으면서 자신이 추구하는 가치를 위해 목숨을 바치는 존재이다. 단순히 주어진 규정이나 규범만을 절대적 원칙으로 간주해 맹목적으로 따르면서 조직 또는 개인의 이익을 위해 영향력을 확대하며, 승진을 위해 영혼을 내던지는 존재가 아니다. 군인에게는 지켜야 할 숭고한 가치가 있다. 현실적으로 당장 자기에게 불이익이 온다고 해도 그 무엇과도 바꿀 수 없는 자기 자신의 존엄과 정체성을 지켜야 하는데 우리는 그것을 '명예'라고 부른다.

물론 국방공무원에게도 지켜야 할 가치와 규범이 있겠지만, 이 정도까지 고도의 수준을 요구하지는 않는다. 특히 지구상에 있는 어떤 직업도 군인처럼 '명예'를 위대한 가치로 취급하지 않는다. 일반적으로 '명예'란 위험한 곳 또는 위험한 일에 자신의 목숨을 거는 자기희생을 전제로 한다. 그래서 과거부터 목숨을 걸고 전쟁터로 나가는 군인이 가장 명예로운 직업의 상징이었다. 목숨을 담보하는 그들의 희생이 있었기에 내 가족, 우리 공동체, 우리 국가가 유지될 수 있었기 때문이다.

우리는 훌륭한 정치가가 국가를 부강하게 했다거나, 기업가가 엄청난 이익을 남겨 회사를 크게 확장했다고 해서 그를 명예로운 정치가, 명예로운 기업가라고 부르지 않는다. 위대한 정치가, 위대한 사업가 정도일 것이다. 명예라는 명칭은 아무 곳에나 붙이는 것이 아니다. 물론 현대에 들어서는 위험한 지역에 들어가서 봉사활동이나 인권 증진 등의 활동을 하여 큰 성과를 이룬 사람들에게도 '명예'라는 명칭을 붙여주기도 한다. 그러나 이 또한 기본적으로 자기희생을 전제로 한다. 군인은 군복을 입는 순간부터 자기희생을 맹세한 존재이다. 그래서 명예로워야 하고, 이것이 국방공무원과 다른 가장 큰 이유이다.

두 번째는 군인이 전시에 활동하는 공간의 차이이다. 군인이 전시에 살아가야 할 삶터는 전쟁터이다. 반면 국방공무원은 최전방 전쟁터에서 한참 뒤에 떨어진 안전한 지역이다. 군인에게 전쟁터는 일터이고 전쟁은 군인이 뛰어들어야만 하는 바닷물이자 극복해야 할 파도이다. 클라우제비츠(Carl Phillip Gottlieb von Clausewitz)는 『전쟁론(Vom Kriege)』에서 "모든 전쟁은 나름대로 독특한 현상들로 둘러싸여 있으며 암초로 가득 찬 미지의 바다와 같은 것이다. 지휘관은 암초들을 직접 보지 않으면서도 그 존재 가능성을 생각하고 그것들을 피해서 어둠 속을 항해해야 한다"고 말했다. 즉 전쟁은 우연성과 마찰 요소 그리고 안개가 가득한 현장이다. 이런 어둠 속에서 군인은 어둠을 밝히고 앞으로 나아가야만 한다.

맹목적 복종만을 추종하는 단순한 군인에게서 이런 어둠을 헤치고 나갈 지혜와 자주성이 나올 수 있을까? 전쟁터에서 살아가야 할 군인일수록 창의력과 상상력 그리고 자주성이 요구되는 이유이다. 국방공무원이 살아가는 삶의 현장과는 너무나 다른 치열함과 비참함, 고통, 그리고 동시에 승리의 영광이 있기도 하는 전쟁터이다. 그래서 군인에게는 이런 혹독한 환경을 극복하기 위해 민간인과 차별화된 훈련과 교육이 선행되고, 이런 과정을 수료하여 일정한 자격이 주어진 사람에게

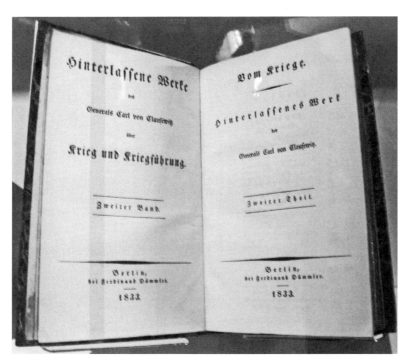

드레스덴(Dresden)의 독일 연방군 군사사 박물관(Bundeswehr Military History Museum)에 전시 중인 클라우제비츠의 1883년판 『전쟁론』. 클라우제비츠는 『전쟁론』에서 "모든 전쟁은 나름대로 독특한 현상들로 둘러싸여 있으며 암초로 가득 찬 미지의 바다와 같은 것이다. 지휘관은 암초들을 직접 보지 않으면서도 그 존재 가능성을 생각하고 그것들을 피해서 어둠 속을 항해해야 한다"고 말했다. 즉 전쟁은 우연성과 마찰 요소 그리고 안개가 가득한 현장이다. 이런 어둠 속에서 군인은 어둠을 밝히고 앞으로 나아가야만 한다. 맹목적 복종만을 추종하는 단순한 군인에게서 이런 어둠을 헤치고 나갈 지혜와 자주성이 나올 수 있을까? 전쟁터에서 살아가야 할 군인일수록 창의력과 상상력 그리고 자주성이 요구되는 이유이다. 〈사진 출처: WIKIMEDIA COMMONS | CC BY-SA 3.0〉

만 군복을 허락한다. 군복은 철저한 자기 인내와 절제를 극복한 사람만

이 입을 수 있고 그 군복은 동시에 그 군인의 수의(壽衣)가 된다.

새로운 전쟁과 군인

21세기는 새로운 전쟁의 시대가 되었다. 지금까지 우리가 알던 전통적인 군인과는 다른 군인의 모습이 등장하고 있다. 아프가니스탄에서 탈레반으로 추정되는 누군가를 죽이라는 결정이 태평양 건너 미국 본토에서 내려진다. 1만 2천 km 떨어진 미국 뉴멕시코주의 클로비스(Clovis)가 그런 결정을 내리는 곳이다.

이곳에 있는 파일럿은 여러 모니터 중 하나에서 적을 발견했다고 판단되면 조이스틱을 이용해 위성 신호로 무인기에 사격 신호를 전달하고, 15초 뒤에 목표물이 파괴되는 것을 지켜본다. 모니터에는 자동차, 가옥, 한 무리의 사람들 그리고 가끔 아이들도 한두 명 포함된다. 파일럿의 목표물은 두 가지이다. 하나는 상급자가 처형 명령을 내린 테러 지도자이고, 다른 하나는 주변 환경이나 무장 상태, 움직임 등을 근거로 충분히 의심스럽다고 판단되는 가옥이나 차량, 집단, 개별 인간들이다. 파일럿은 기지 근무의 지침에 따라, 또는 자신의 판단에 따라 공격 결정을 내리고 몇 초 뒤 자신이 행한 결과를 화면으로 확인한다. 화물차가 공중으로 날아가고 집이 무너지며 목표물로 지목된 사람—아닐 수도 있다—이 쓰러진다. 가끔은 목표물 외에 다른 사람들까지 죽기도 한다. 파일럿은 퇴근 시간이 되면 다음 사람에게 자신의 임무를 인계하고 태연하게 차를 몰고 아내와 아이들이 있는 집으로 향한다. 저녁 식

탁에는 아내가 마련한 맛있는 요리가 있고, 아이들의 재롱이 펼쳐진다. 그는 탈레반이 살고 있는 위험한 지역에서 1만 2천 km나 떨어져 있는 안전한 자신의 집에 머물고 있다. 이 파일럿은 과연 행복한 밤을 맞이할 수 있을까?

2000년에 국내 개봉한 에단 호크 주연의 영화 〈드론 전쟁: 굿 킬(원제: Good kill)〉에서는 이런 문제들이 구체적으로 그려진다. 주인공 토머스 이건 소령(에단 호크)은 정상적인 가정생활을 영위할 수 없게 된다. 그는 불과 30분 사이에 전쟁터와 가정으로 자신의 일터가 바뀌는 것에 적응하지 못한다. 아니 사이코패스가 아닌 정상적인 사람이라면 대부분 그런 상황을 견디지 못할 것이다.

과거의 군대에서는 전쟁이 시작될 때와 끝날 때 성대한 의식을 치렀다. 안전지대에서 전쟁터로 이동하는 데도 많은 시간이 소요됐기 때문에 마음의 준비를 충분히 할 수 있었다. 그러나 무인기 조종사는 전쟁터와 집 사이를 30분 만에 오갈 수 있다. 인간은 지금까지 이런 상황을 경험해 본 적이 없다. 가정의 문제를 전쟁터로, 전쟁터의 문제를 가정으로 끌고 들어온다. 결국 그는 전우와 가족 모두에게 "몸은 곁에 있으되 마음은 다른 곳에 있는" 사람이 되는 것이다. 인간은 사회적 동물이라 아무리 어렵고 힘든 일이라도 주변의 많은 사람이 그 상황을 인정하고 이해해 주며 지지와 응원을 보낸다면 견뎌낼 수 있다. 그러나 주변의 어떤 지지와 응원도 받지 못한 채 "그렇게 안전하고 편안한 곳에서 근무하면서 뭐가 힘들다고 징징대느냐"는 식의 질타를 받거나, 화면 속에서 희생된 민간인이나 아이들의 얼굴이 보일 때면 심한 죄책감을 느끼며 그의 정신력은 급속하게 무너진다. 그래서 무인기 조종사들 중에는 21세기 군인 병인 '외상 후 스트레스 장애(PTSD)'를 앓는 이들이 많다. 이것은 아무리 훈련된 군인일지라도 인간임을 보여준다.

미군 제82공정사단의 에릭 페어(Eric Fair)는 이라크 팔루자(Fallujah)에 파병되어 수용자에 대한 '강화된 심문 기술'을 상급자로부터 지시받고 실행에 옮기고 있었다. 여기에는 시간마다 수용실의 문을 열고는 수용자를 구석에 세워 옷을 벗기는 방식으로 수면을 박탈하는 학대가 포함되었다. 임무를 마치고 3년 뒤 그는 자신이 학대했던 피해자가 자주 꿈에 나타나면서 괴로워하기 시작했다. '도덕을 외면한 지시에 반대하지 못했다'는 자책감과 '자신의 가치를 타협했다'는 수치심으로 힘겨워했다. 여기서 중요한 것은 페어가 괴로움을 느끼게 된 원인이 어떤 정신과적 진단이 포함되는 의료적 판단이 아니라, 자신의 양심에 기인한다는 점이다. 또 다른 사례는 국내에서도 발견된다. 그는 한국전쟁 시 학도의용군으로 입대했고 나중에는 육군 중장으로 전역했는데, 자신의 체험담에서 이렇게 말했다.

"눈앞에 적병이 나타났다. 그가 총을 든 채 두 손을 드는 것 같았다. 하지만 나도 제정신이 아니었다. 엉겁결에 방아쇠를 당겄다. 그가 쓰러졌다. 전투가 끝났다.……쓰러진 적을 보니 괴로웠다. 내 또래였다. 순간 6·25 직후 학교에 갔다가 멋모르고 의용군에 나가겠다고 손을 들었던 생각이 났다. '저 놈도 어쩌면 나와 비슷한 놈일지도 모른다'는 생각과 함께 '저 애의 부모는 쟤가 여기서 이렇게 죽었다는 것을 알까?'라는 생각이 들었다. 늙어 가면서 그때 생각을 하면 늘 마음이 아팠다. 돌이켜 보면 저항할 의사가 없는 자를 죽인 것은 적군을 사살한 것이 아니라 살인을 한 것이다."[23]

이 사례 역시 마음을 아프게 한 것은 자신이 양심이었다. 우리는 이와 같이 사례를 PTSD와는 구분되는 '도덕적 손상(Moral injury)'이라고 부른다. 참전 군인들의 도덕적 손상이 비교적 근래에 들어서야 주목받게 된 것은 PTSD로 대표되는 병리적 접근이 지난 수십 년간 전장에서 돌아온 장병들의 부적응을 설명하는 거의 유일한 통로로 활용되었기 때문이다. 오늘날 PTSD는 '생명에 위협적인 사건'에 노출되는 경우에 의해, 즉 공포 기반의 기제가 트라우마를 일으키는 것을 그 특징으로 한다고 정의하고 있다. 그러나 도덕적 손상은 위협적인 사건에 노출되

---

23 민병돈, "내 총에 죽은 적군의 눈빛, 지금도 잊히지 않아", 『60년 전, 6·25는 이랬다: 35명 명사의 생생한 체험담』, 조선뉴스프레스, 2010, 207쪽.

지 않고도 발생하는 개인의 도덕적 반응이며, PTSD와 구분하자면 죄책감 기반의 심리적 고통을 특징으로 한다.

　도덕적 손상이라는 개념을 현대적으로 처음 사용한 조나단 샤이(Jonathan Shay)는 거의 3천 년 전의 서사시 『일리아드』에서 아킬레스의 지휘관인 아가멤논(Agamemnon)의 도덕적 가치 위배와, 이로 인한 아킬레스의 고통을 재조명하며 베트남 전쟁 참전 군인들의 경험과 고통을 원형으로 삼았다. 샤이는 도덕적 손상의 개념을 '중대한 이해관계가 놓인 상황에서 합법적 권위를 가진 자에 의한 올바른 것의 배반'으로 정의했다. 그러면서 합법적 권위를 가진 자는 전쟁과 전투 맥락에서 지휘관 또는 상급자를 가리킨다고 했고, 이런 도덕적 손상에 의한 미군의 대표적 도덕적 실패가 '미라이 학살'이라고 했다.

　12월 3일 계엄군에 참여했던 특전사의 장병들과 그 가족들이 사건 이후에 심리적 고통을 겪었고, 이를 인지한 국방부가 그들을 대상으로 심리교육을 한 까닭은 무엇일까? 그들은 평소 그들이 생각하는 도덕적 원칙에 반하는 상부의 명령에 복종해야 했고, 그 결과 심한 죄책감과 수치심, 분노를 느꼈다고 말했다. 그리고 그 영향은 그 가족들에게까지 미쳤다. 전형적인 도덕적 손상의 사례이다. 그들은 왜 도덕적 손상을 경험하는 것일까? 이유는 간단하다. 그들 역시 생각하고 느끼는 인간이며, 특수하게 훈련된 군인이기 이전에 대한민국의 건전한 시민이며 한 가정의 아들이요 아버지이기 때문이다. 그리고 아무 생각 없이 훈련된 로봇이 아니기 때문이다.

　나는 육군종합행정학교 학교장으로 재직 중이던 2023년, 장병들의 전투 스트레스 해소 방안에 대한 과학적 실험을 시행한 경험이 있다. 마침 육군본부 군종실에서는 회복탄력성에 대한 관심이 많았기 때문에 군종실의 도움을 받아 '회복탄력성 강화훈련이 전투 스트레스 극복에 어떤 영향을 미치는지'에 관한 실험을 진행했다. 실험 대상으로 전투 중인 장병을 선정하면 가장 좋겠지만, 당시 대한민국이 전쟁 상태에 있지 않기 때문에, 평상시에 가장 스트레스를 많이 느끼는 직책을 찾던 중, 특전사령부에 복무하는 장병 중에서 비행기에서 뛰어내리는 강하훈련을 하는 교육생들을 대상으로 실험을 진행하기로 했다. 인간이면 누구나 비행기에서 뛰어내릴 때 공포와 강한 스트레스를 느끼기 때문이다.

　훈련 중에 정기적으로 그리고 강하를 하기 전과 강하를 한 후에 교육생들의 심박수와 뇌파를 관찰하고 이를 인공지능으로 분석해 보기로 했다. 따라서 이 분야의 전문가라 할 수 있는 고려대학교 뇌공학 전문가인 김동주 교수팀의 지원을 받았다. 실험은 총 80명의 특전부사관 후보생을 대상으로 회복탄력성 교육을 받은 집단과 교육을 받지 않은 집단으로 나누어 총 8주간 진행했다. 실험 결과, 심전도에서는 회복탄력성 강화훈련을 한 집단에서 부교감신경이 활성화되어 긴장감을 완화하는 데 도움이 된다는 결론을 얻었으며, 뇌파 분석에서도 회복탄력성 강화훈련을 받은 집단이 뇌의 기능적 연결성(Functional Connectivity)

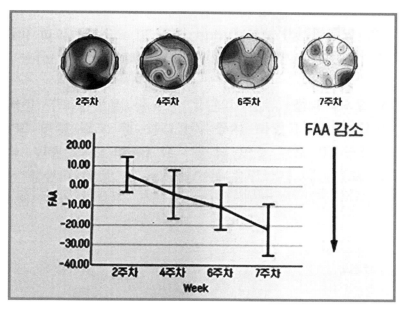

회복탄력성 강화훈련을 시행한 집단의 뇌지도. FAA(Frontal Alpha Asymmetry) 값이 현저하게 감소한다. 〈출처: "회복탄력성 강화훈련이 전투 스트레스 완화에 미치는 효과 분석" 보고서〉

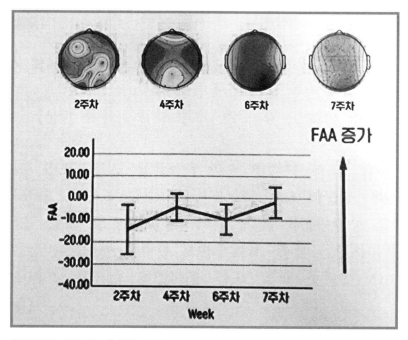

회복탄력성 강화훈련을 미시행한 집단의 뇌지도. FAA(Frontal Alpha Asymmetry) 값이 현저하게 증가한다. 〈출처: "회복탄력성 강화훈련이 전투 스트레스 완화에 미치는 효과 분석" 보고서〉

확인을 통해 스트레스 완화와 뇌의 탄력성 강화에 뚜렷하게 도움이 된다는 결론을 얻었다.

군에서 장병들을 대상으로 회복탄력성 교육이 막연하게 도움이 될 것이라는 생각은 있었지만, 과학적 근거를 통해 뚜렷하게 도움이 된다는 것을 증명을 한 것은 이 실험이 처음이었다. 그리고 이 실험 결과는 향후 장병들의 전투 스트레스뿐만 아니라 평시 복무 부적응, 심리적 불안 해소, 그리고 자살, 탈영, 폭행 등 악성 사고의 예방에도 도움이 될 것으로 기대되었다.

부끄러운 이야기이지만, 육군종합행정학교 개교 이래 이런 전투실험을 시행한 것은 이때가 처음이었다. 내가 처음 이 실험을 위해 육본과 교육사령부에 예산 신청을 하니, 대부분 관계자의 말이 "행정학교에 왜 전투실험이 필요하지? 전투실험은 전투병과 학교에서만 하는 것 아닌가? 거기는 행정만 하는 곳 아닌가?"라는 등 회의적 반응뿐이었다. 그럼에도 불구하고 실험을 진행할 수 있도록 도와준 관계자 여러분께 감사드린다. 특히 당시 '전투발전부장'이라는 직책으로 주말도 반납해 가면서 헌신적으로 임무를 수행해 준 이승훈 대령과 그 구성원들에게 감사의 마음을 전한다.

미래의 전쟁에서는 로봇이나 AI가 주인공으로 등장할 것이다. 그러나 모든 부분을 로봇이나 인공지능이 담당할 수는 없을 것이고, 또 그렇게 해서도 안 될 것이다. 모든 전투와 전쟁을 로봇이나 AI가 담당할 경우 그것은 더 비참한 디스토피아를 만들 것이다. 아무리 과학기술이 발전한다고 해도 사람을 살상하는 최종 결정과 책임은 인간이 져야 한다. 인간에게서 책임이 없어지는 순간 우리는 기계의 노예가 될 것이다. 이 또한 군인이 맹목적 복종에서 벗어나야 하는 이유이다.

현대전은 첨단 과학전이다. 최근에 진행되고 있는 우크라이나-러시아 전쟁에서 드론은 현대 전쟁의 새로운 총아로 부상하고 있으며, 인간과 로봇이 함께 싸우는 유무인 복합체계의 전투는 이미 보편화되었다.

우크라이나는 이미 2024년 1월 11일, 무인체계군을 창설한 바 있다. 현재까지 전술 제대의 최소 단위는 분대였다. 시간이 갈수록 1개 분대에 속하는 인간의 숫자는 점차적으로 줄어들고 있으며 어떤 부대는 최소 단위를 팀으로 운영하는 부대도 있다. 이 경우 팀의 규모는 4~5명이다. 그러나 그 팀이 담당하는 지역은 기존에 분대 규모를 훨씬 초월한다. 인간의 숫자는 줄어드는 대신, 담당해야 할 지역은 훨씬 확장되고 있다. 이제 인간은 소총 한 자루만을 갖고 싸우지 않는다. 기본적인 소총에 각종 방호 장비, 통신장비, 야시경, 개인 컴퓨터에 전투차량을 운전해야 하고, 드론도 조종해야 하며, 적국의 드론에 대비한 대드론 장비도 운용해야 한다. 고려해야 할 상황의 변수가 과학기술의 발달과 함께 기하급수적으로 늘어나고 있다. 왜냐하면 적 또한 우리와 비슷한 수준의 과학기술과 장비를 활용하고 있기 때문이다. 이에 따라 개인이 관리 또는 담당해야 할 장비, 영역, 임무 등이 대폭 늘어났고, 고려해

미 육군 MUM-T(Manned-Unmanned Teaming: 유무인 복합운용체계)를 보여주는 그림. 미래의 전쟁은 전투원 한 명이 담당하는 영역과 책임이 기하급수적으로 늘어날 것이고 주입식 교육과 맹목적 복종만을 추종하는 군인은 이를 감당하지 못할 것이다. 〈사진 출처: WIKIMEDIA COMMONS | CC BY-SA 4.0〉

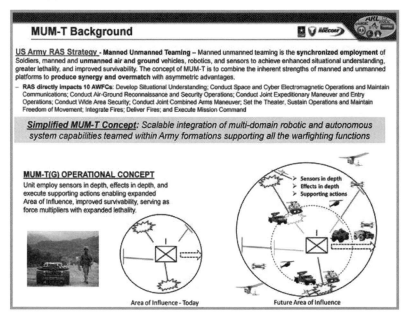

미 육군 MUM-T 전략 설명도. 〈사진 출처: WIKIMEDIA COMMONS | CC BY-SA 4.0〉

야 할 요소도 훨씬 많고 복잡해졌다. 이것은 무엇을 의미하는가? 복잡하고, 더 많은 변수와 불확실성이 가득한 전투 현장을 헤쳐나가야 하는 인간은 더 많은 능력이 필요함을 의미한다. 이런 상황을 주입식 교육으로 양성된 군인, 맹목적 복종만을 따르는 군인들이 극복할 수 있을까? 결론은 과학이 발달할수록 인간의 창의성, 주도성이 더 요구된다고 할 수 있다. 피아 모두 단순 전투행위는 로봇 등 무인 전투체계가 시행하고, 인간은 더 높은 차원의 생각으로 전장을 주도해야만 승리할 수 있다. 즉 생각하는 군인만이 미래 전장의 주역이 될 수 있다는 의미이다.

전쟁과 복잡계

'복잡계(Complex System)'란 질서정연한 계와 혼돈계의 경계에 있는 임계상태에 있는 계(界)를 말한다. 애덤 스미스는 그의 『국부론(An Inquiry into the Nature and Causes of the Wealth of Nation)』에서 각 개인의 이기적인 경제 행위에 '보이지 않는 손(invisible hand)'이 작용해 의도치 않게 사회적으로 바람직한 결과를 낳는다고 말했다. 그러나 2008년의 금융위기는 각 개인이 이성적인 경제 행위를 했음에도 불구하고 보이지 않는 손이 작용하여 의도치 않게 사회적으로 바람직하지 않은 금융위기를 초래하기도 했다. 즉 보이지 않는 손은 언제나 긍정적인 방향으로만 작용하는 것이 아니고, 때로는 부정적인 방향으로도 작용한다는 의미였다. 이것은 우리가 그동안 철석같이 믿고 있던 현대 과학의 전제 조건, 즉 환원주의적 효능이 더 이상 작용하지 않는다는 것을 의미했다. 환원주의는 전체를 이루는 각각의 구성 요소를 알게 되면 전체를 다 알 수 있게 된다는 생각이다. 신경세포를 이해할 수 있으면 뇌를 이해할 수 있고, 뇌를 이해하면 개인의 의사결정을 알 수 있게 된다는 생각이다. 그러나 우리가 어떤 것의 구성 요소를 완벽하게 이해했다고 해서 전체를 이해할 수 있는 것은 이 세상에 많지 않다. 인간은 물 35ℓ, 탄소 20kg, 암모니아 4ℓ, 석회 1.5kg, 그리고 인과 소금 등으로 이루어져 있다. 우리가 물과 탄소, 암모니아 등의 각 구성 요소에 대해 완벽하게 안다고 해서 인간을 다 알 수 있을까? 불가능하다. 그래서 필요한 것이 전원주의적(全元主意的) 시각이다. 전원주의란 전체는 단순히 부분의 합이 아니며, 전체로서의 독자적인 특성과 의미를 지닌다고 보는 관점을 말한다. 따라서 전원주의에서는 요소들 간의 상호작용, 관계 그리고 전체적인 맥락 등을 중요시한다. 세상은 너무 복잡해서 환원주의적 시각으로는 모두를 이해할 수 없으며, 따라서 전원주의적 시각과 함께 접근해야 하고, 이런 의미에서 등장한 것이 복잡계 이론이다. 복잡계 이론에서 중요한 개념으로 등장하는 것 중에 하나가 창발(Emergence)이라는 것이다. 창발은 구성된 요소만으로는 설명할 수 없는 전혀 새롭고 예측 불가능한 특성을 말한다. 인간들이 모여서 경제활동을 하게 되면 전혀 의도치 않았던 '보이지 않는 손'이 생겨서 가격을 형성하게 함으로써 안정적인 경제활동을 이끄는 현상도 창발현상이라 할 수 있다. 그래서 복잡계 이론에서는 '전체는 부분의 합보다 크다'라는 말이 나온다. 나무 만 그루를 심으면 단순히 한 그루의 나무가 만개 합쳐진 것이 아니라, 전혀 예상치 못했던 '숲'이 형성된다. 숲에는 개별적 나무의 합에서는 볼 수 없는 수많은 풀과 곤충, 동물들이 새로 생겨난다. 나무 만 그루를 하나씩 세서 합한 것이 부분의 합이라면, 숲은 전체를 의미한다. 숲은 나무 만 그루보다 훨씬 큰 생태계를 형성하여 수많은 생명체를 탄생시키기 때문에 부분의 합보다 크다는 의미이다.

클라우제비츠 역시 '전쟁은 수많은 불확실성과 우연 그리고 마찰요소로 가득하다'라고 말했다. 나는 전쟁 또한 복잡계 이론이 적용된다고 생각한다. 각개 병사는 소총 1자루의 효과밖에 나타낼 수 없다. 그러나 분대—우리나라 육군의 분대는 현재 8명이다—가 조직되면 단순히 8명을 합쳐놓은 것 이상의 전투력을 발휘하게 된다. 개별 소총병 1명의 전투력을 8개 합친 것에 추가해서 특정 지역에 8명 이상의 강력한 화망을 구성할 수도 있고, 장애물을 설치할 수도 있으며, 무전기를 통해 먼 곳의 정보를 더 정확하게 더 빨리 알 수도 있다. 그러나 이런 것보다도 더 중요한 것은 8명이 협동한다면 단순 8명 합이 전혀 예상치 못한 위기를 극복할 수 있으며, 분대장이라는 리더십이 잘 발휘된다면 더 큰 전투력을 발휘할 수 있게도 된다. 이것이 창발현상이고 부분의 합(분대원 8명)보다 전체(분대라는 조직체)가 더 크다는 의미이다. 마찬가지로 분대 3개가 보이면 단순한 분대 3의 합(부분의 합)보다는 소대(전체)라는 조직체가 더 큰 전투력을 발휘하게 된다. 그리고 이것이 일정 규모 이상이 되면 나무가 숲이 되듯, 완전히 다른 생태계가 조성된다. 이것이 복잡계 이론이다. 그런데 앞에서 살펴보았듯이 창발 현상은 항상 긍정적 방향으로만 작용하지는 않는다. 역방향으로도 작용한다. 예를 들어 분대원 8명이 서로 화합하지 못하며 시기 질투하면서 분열된다면 그들의 전투력은 각개 병사 8명을 모아놓은 전투력보다 더 약해지게 된다. 그리고 어느 임계점을 넘게 되면 그 분대는 사라지게 된다. 그래서 분대장의 리더십과 분대원들 간의 상호교류가 중요하다.

한편 복잡계 이론에서 또 중요한 개념이 있는데, 그것은 '전체이면서 부분(Holon)'이라는 개념이다. 이 개념에 따르면 우주는 대부분 자연적인 위계질서, 즉 다른 전체의 일부가 되는 전체로 구성되어 있는데, 예를 들어 전체로서의 원자는 분자의 일부가 되고, 전체로서의 분자는 세포의 일부가 되고, 전체로서의 세포는 유기체의 일부가 되는 것을 말한다. 상위 단계는 하위 단계를 포함하게 되는데, 따라서 상위 단계는 하위 단계의 성질을 포함하나, 하위 단계는 상위 단계의 성질을 가지지 못한다. 즉 세포는 분자의 성질을 다 갖고 있으나, 분자는 세포의 성질을 다 갖고 있지 못한다는 의미이다. 문제는 이런 위계질서에서 생존하는 방식의 특징이다. 하위 단계는 상위 단계 없어도 생존이 가능하지만 상위 단계는 하위 단계 없이는 생존이 불가능하다.

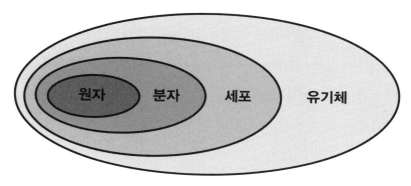

유기체가 없어도 세포나 분자는 생존 가능하지만, 원자나 분자 없이 세포나 유기체는 생존할 수 없다.

　이것은 군대 조직에서도 마찬가지이다. 군대 조직은 전형적인 홀론 개념에 해당한다. 상위 단계는 하위 단계를 포함하여 하위 단계의 성질을 포함하고 있으나, 하위 단계는 상위 단계의 성질을 가지지 못한다. 즉 중대는 소대나 분대의 성질을 포함하고 있는 반면, 분대는 소대 그리고 소대는 중대의 성질을 다 갖지 못한다. 그리고 생존에 있어서도 위에서 설명한 홀론의 특징을 그대로 갖고 있다. 중대가 해체된다 해도 소대나 분대는 생존이 가능하다. 그러나 분대가 해체되면 소대는 물론, 중대는 생존할 수 없다. 이때 상위 단계가 붕괴했을 때에도 외부의 도움 없이 스스로 구조를 만들어 가면서 새로운 질서를 만들어 나가는 능력을 '자기조직화(Self-Organization)'라고 한다. 군 조직은 각 개 병사부터 자기조직화 능력이 강하게 조직되어야 한다. 아군의 중대가 적의 강한 공격으로 와해 되었다 할지라도 그 하위 단계를 이루고 있는 소대 또는 분대는 외부의 도움없이도 스스로 생존할 있는 능력, 즉 자기 조직화 능력을 갖추어야 한다. 결국 군 조직에서도 홀론의 마지막 단계인 각개 전투원이 강해야 한다는 것을 의미한다. 각개 전투원이 강해지기 위해서는 각개 전투원 모두가 스스로 생각하는 능력을 구비해야 함은 물론이다.

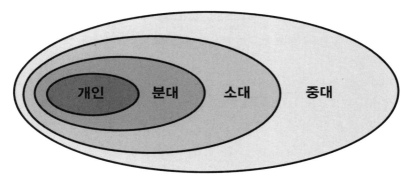

중대가 없어도 소대나 분대는 생존 가능하지만, 개인이나 분대 없이 소대나 중대는 생존할 수 없다.

자기조직화 능력은 각개 전투원뿐만 아니라, 각 제대에도 대단히 중요한 능력이다. 이는 단순히 생존이라는 개념을 넘어, 어떠한 상황에서도 임무와 기능을 할 수 있는 복원 능력까지도 포함한다. 우리 몸은 병원균이 침투했을 때 이를 물리치고 상처 난 곳을 치유할 수 있는 능력이 있는데 자기조직화 능력도 이와 같은 것이다. 따라서 부대를 편성하거나 조직하는 업무를 담당하는 사람은 앞에서 언급했던 창발 상황을 염두에 두면서, 의도적 창발을 유도할 수 있고, 상위 제대가 해체되더라도 스스로 자기의 역할과 기능을 할 수 있도록 자기조직화 능력을 극대화할 수 있도록 인원과 무기체계, 장비 등을 편성해야 한다.

| 제7장 |

독일 연방군의
'임무형 지휘'와
불복종

프로이센의 왕자 프리드리히 칼은 1851년에 『경부대의 본질을 형성하는 정신적인 활동에 대하여』라는 논문에서 이렇게 쓰고 있다. "명령이나 임무를 수행하는 것이 불가능하거나 쓸데없는 경우를 생각해 볼 수 있다. 이와 같은 순간을 인식해 내는 것이 군사적인 판단력의 자주성에 대한 가장 어려운 시험이다. 책임의식이 몸에 밴 군인이 의식적으로 불복하게 되는 상황이 바로 이런 경우이다. 군인은 명예와 목숨을 걸어야 하는데 그 결과만이 책임을 면제해 줄 수 있다." 칼 왕자는 또한 1860년에 쓴 소책자에서 장교들의 책임과 자주성을 심층적으로 분석했는데, 여기에서는 분명히 명예를 복종의 개념보다 상위에 놓았다.

한 영관장교가 하달된 명령만 조용히 이행하고 있는데, 장군이 다음과 같이 질책했다. "여보시오, 당신은 언제 복종을 하지 않아도 되는지를 반드시 알아야 하므로 국왕이 당신을 영관장교로 만들었소!"

– 프로이센에서 임무형 전술과 관련하여 인용되는 문구 –

몰트케는 쾨니히그래츠(Königgrätz) 전투의 승리와 관련하여 오스트리아의 두 장군이 임무 수행 과정에서 결과적으로 결점은 있었으나 베네데크의 명령을 따르지 않고 자주적으로 작전을 구사했기 때문에 2군의 측방 공격이 너무 늦긴 했어도 그 효과를 발휘할 수 있었다고 결론지으면서, 이 장군들이 제때 복종하지 않은 것에 대해선 "복종은 원칙이다. 그러나 인간은 상위에 있다. 전시에 올바르게 판단하고 행동하면 대부분의 경우엔 승리가 보장될 것이다. 전투가 끝난 후에 판단은 쉽다. 그러므로 장군을 함부로 비판하는 것은 조심해야 한다"라고 말했다.

– 디르크 W. 외팅, 『임무형 전술의 어제와 오늘』 중에서 –

'임무형 지휘(Auftragstaktik)'란 지휘관이 부하에게 자신의 의도와 부대가 수행해야 할 임무를 명확하게 제시하고, 임무 수행에 필요한 자원과 수단을 제공하여 예하 지휘관의 임무 수행 여건을 보장하되, 임무 수행 방법은 최대한 위임하여 예하 부대가 자율적·창의적·적극적으로 임무를 수행하도록 하는 지휘방법이다.[24]

임무형 지휘는 독일군의 오랜 군사적 전통에서 비롯되었다. 그러나 임무형 지휘 또는 임무형 전술 개념이 언제 탄생했는지, 그리고 누가 임무(Auftrag)와 전술(Taktik)을 임무형 전술(Auftragstaktik)로 합성했는지 정확히 규명하기는 힘들다. 그러나 대부분의 전문가는 1806년 프로이센군이 나폴레옹의 프랑스군에 패배한 예나(Jena)와 아우어슈테트(Auerstedt) 전투 이후, 패배 원인을 분석하고 군사 분야의 개혁을 추진하면서 구체화 되었다고 보고 있다. 그래서 1870년에 발생한 프로이센-프랑스 전쟁에서 프로이센의 하급 제대 지휘관들까지도 독자성을 갖고 지휘를 하여 전쟁을 승리로 이끌게 되는데, 이를 지켜본 러시아의 보이데(Woide) 장군은 이를 '새로운 도구'로 지칭하기도 했다.

예나 전투 이후 프로이센에서는 나폴레옹과의 전쟁에서 패배한 원인을 분석했는데 결과는 매우 참담했다. 상층 지휘부는 임무를 수행할 수 없음이 판명되었고 병력의 집중은 이루어지지 못했으며 포병과 기병의 사격과 기동은 협조가 이뤄지지 못했다. 예비대 또한 전혀 투입되지 않았거나 너무 늦게 투입되었다. 장교들의 연령 또한 너무 노령층으로 구성되어 프랑스군보다 평균 20년이나 노쇠했다.

---

24 합동교범 10-2, 『합동·연합작전 군사용어사전』, 합동참모본부, 2020.

그러나 이런 유형적인 원인보다 더 중요한 것은 장교들이 전쟁에 대해 갖고 있는 생각의 진부함과, 교육의 중요성을 등한시하는 등 보다 근본적인 데 있었다. 당시 프로이센 육군의 이상형은 기계적으로 행동하고 자신의 직책상 의무를 충실히 수행하는 쪽이었으며 전술은 늘 규칙적으로 적용할 수 있는 응용수학의 한 부분으로 생각하고 있었다. 반면 프랑스군은 프랑스 혁명의 영향으로 자유 사상을 갖고 입대한 장병들이 애국주의에 바탕을 둔 자발적 복종으로 전투에 참여함으로써 산병 전술을 활용했으며, 사단 및 군단 등의 대부대 편성을 통해 제병협동 전투 능력을 갖추고 있었다.

1808년 7월 8일, 프로이센의 육군 원수 그나이제나우(August Neidhardt von Gneisenau)는 태형의 폐지를 발표했다. 매질은 신분 고하를 막론하고 가장 모욕적인 것으로 규정되었으며, 때리지 않고 교육할 수 없는 장교는 표현능력이 부족하든가 훈련 과제에 대한 명확한 개념이 없는 것으로 간주 되었다. 그로부터 3주 후인 1808년 8월 3일, 프로이센에 병역의무가 전면적으로 도입되었다. 또한 장교단을 신분 구분 없이 국민 누구에게나 개방했다. 출신 성분에 의해서가 아니라 자격과 능력에 의한 장교들의 선발과 진급이 이루어져 기본 교육은 꼭 받아야 했으며, 전투 시 용감하게 돌진할 수 있다는 것만으로는 장교로서의 요구 조건을 충족시킬 수 없었고, 군사적 전문지식을 소유하고 소신 있는 사고와 결단력 있는 행동이 요구되었다.

프로이센의 군 개혁자들은 군인들에게 '자주성' 개념을 도입하여 그 능력을 향상시킴으로써 '임무형 지휘'를 태동시키는 전기를 마련했다. 그것은 전시에 발생하는 모든 사건은 무수히 많은 불확실한 요소들에 의해 결정된다는 생각이 부각되는 시대의 등장과 무관하지 않았다. 참모본부 제도를 탄생시킨 샤른호르스트(Gerhard Johann David von Scharnhorst)의 특별히 우수한 제자이자 동조자였던 폰 클라우제비츠는 "전쟁은 불확실성의 영역인데, 전시 전장 환경의 4분의 3은 대단히 불확실한 안개 속에 있다. 자신의 판단에 따라 실행한 행동을 통해 진실을 느끼기 위해서는 예민하고 날카로운 사고력이 있어야 한다"며 "전쟁 또한 우연의 영역이다. 정신이 돌발적인 우연성들과 투쟁하여 이기려면 두 가지 특성이 필수적이다. 첫 번째는 어둠 속에서 진실로 인도하는 희미한 내면적인 불빛과 같은 사고력이고, 다음은 이 약한 불빛을 따르는 용기이다. 전자는 프랑스어로 Coup d'óeil(혜안)이고, 후자는 결단성이다"라고 주장했다.

이처럼 당시 나폴레옹 군대에 맞선 프로이센군이 직면한 가장 큰 문제는 복잡해지는 전장 상황에 대한 지휘 통제의 문제였다. 군 개혁자들은 이를 위해 독자적인 결정권[주도권(Initiative)] 개념을 상황에 맞게 사용할 수 있는 자주성 개념을 도입했다. 전투지휘는 목표를 지향하여 전투력, 시간, 공간을 조화시키는 것이다. 특히 잃어버린 시간은 영원히 돌이킬 수 없다. 그들은 예하 지휘관들에게 자주성을 부여함으로써 시간의 이점을 얻도록 했다. 명령 없이 한 걸음도 움직일 수 없게 하거나 한 발도 사격하지 못하게 하는 등, 자주성을 강도 높게 금지하는 곳에선 시간적인 이점을 전혀 얻을 수 없었기 때문이다.

그러나 모든 사람이 이를 지지한 것은 아니었다. 당시 장교의 명예와 복종의 의무 사이에는 특이한 긴장과 갈등 관계가 있었고 복종의 가치를 더 중시하는 사람들도 있었다. 그럼에도 불구하고 전반적인 추세는 양자 간의 명확한 한계가 불분명할 때는 복종해야 할 명령을 제한하여 독자적으로 책임질 수 있도록 자주성을 위한 융통성을 보장하는 쪽을 선택했다. 후베르투스브르크-마르비츠(Hubertusburg-Marwitz)의 유명한 비문에는 "복종이 명예를 보장하지 않으려 할 때 불행이 있을 뿐이다"라는 글이 새겨졌고, 이 글귀가 지침이 되어 복종보다는 자주성을 더 우선시하는 일반적인 원칙이 자리 잡았다.

프로이센의 왕자 프리드리히 칼(Friedrich Karl Ludwig Konstantin)은 1851년에 『경부대의 본질을 형성하는 정신적인 활동에 대하여』라는 논문에서 이렇게 쓰고 있다. "명령이나 임무를 수행하는 것이 불가능하거나 쓸데없는 경우를 생각해 볼 수 있다. 이와 같은 순간을 인식해 내는 것이 군사적인 판단력의 자주성에 대한 가장 어려운 시험이다. 책임 의식이 몸에 밴 군인이 의식적으로 불복하게 되는 상황이 바로 이런 경우이다. 군인은 명예와 목숨을 걸어야 하는데 그 결과만이 책임을 면제해 줄 수 있다." 칼 왕자는 또한 1860년에 쓴 소책자에서 장교들의 책임과 자주성을 심층적으로 분석했는데, 여기에서는 분명히 명예를 복종의 개념보다 상위에 놓았다. 더불어 모든 국민이 반드시 징집되어야 하는 사회적 제도로 인해서 스스로 생각하고 판단하여 행동할 수 있는 능력을 보유한 의무 복무자들의 수가 점점 늘어갔다. 임무형 지휘의 씨앗이 프로이센 전 부대로 뿌려지고 있었던 것이다.

프로이센-프랑스 전쟁 중인 1870년 8월 14일, 메스(Metz) 부근에서 치러졌던 콜롱베(Colombey) 전투가 있다. 당시 골츠(Rüdiger Graf von der Goltz) 소장이 이끄는 프로이센의 26보병여단은 적과의 교전을 회피하라는 상급 부대의 명령을 받은 상태였다. 여단장은 8월 14일 오후 적의 행군 대열이 움직이는 것을 발견했다. 이것이 사실이라면 새로운 상황이 전개된 것을 의미했다. 그렇다면 군사령부에서 내린 공격 중지 명령이 아직도 유효하단 말인가? 가장 간단한 해결 방법은 사단에 문의하는 것이었다. 그러나 그것은 시간을 요하는 것이었고, 또한 사단에 책임을 전가하는 것이었다. 그리고 사단이 똑같이 군단에 확인하기 위하여 절차를 밟는다면 더 많은 시간이 걸릴 것이었다. 이와 같은 질문이 최고지휘부인 몰트케 참모총장에게 도달하여 또 답변이 예하 부대에 도달하기까지 기다리기에는 상황이 이를 허락하지 않았다.

골츠 소장은 자신의 여단으로 공격을 개시했는데, 이는 국왕-참모총장-군사령관-군단장을 통해 하달된 명령에 반하는 행위였다. 여단장은 상급 지휘관의 의도가 자신의 것과 일치하기를 바랄 뿐이었다. 자신의 결심에 대한 책임은 오로지 그 혼자만이 감당해야 했다. 한 시간이 지나자 여단은 좁은 계곡 속에서 프랑스군의 강한 저항으로 진퇴양난에 빠지게 되었다. 그러나 다른 독일군 장군들도 골츠 소장과 같은 조치를 취하고 있었다. 군사령관인 슈타인메츠(Karl von Steinmetz) 장군은 지역 확보가 의미 없는 것으로 판단하고 자신의 판단 착오를 시인하면서 공격 출발 진지로 후퇴할 것을 지시했다. 그러나 예하 장군들은 스스로 판단하여 조치를 취해야 했으므로 대부분의 부대는 제자리에 있었다. 다음 날 아침 국왕이 현지에 도착하여 어떤 경우에도 후퇴할 수 없다고 지시했는데, 이때 이 문제에 대한 열띤 토론이 이뤄졌다. 여기에는 명령에 불복했던 장군들뿐만 아니라 자신의 예하 지휘관들에게 자주성의 원칙을 인정하려고 하지 않았던 슈타인메츠 군사령관도 참석했다. 그로부터 며칠이 지난 뒤 폰 데어 골츠 소장과 이들을 돕기 위해 서둘렀던 지휘관들의 행위가 정당했음이 밝혀졌다.

　이후 이 전투가 '임무형 지휘'의 사례로 곧잘 인용되고 있는데, 이와 비슷한 자주성의 실천은 1870년대의 프로이센 군인들에게 보편화되어 있었다. 러시아의 보이데 장군은 이런 프로이센군의 특성을, 자주성과 군기가 상호조화를 이룬 장점으로 파악했다. 당시 영국의 비판서조차 이렇게 평가했다. "세계 어느 곳에도 프로이센 군대처럼 장군 지휘관으로부터 부사관에 이르기까지 판단의 독립성과 행동의 자유가 보장되고 또 요구되는 부대는 없다."

그런데 더 놀라운 것은 고급 지휘관을 위한 교범을 제외하곤 1888년 이전의 교범들은 이렇게 중요시한 사상에 대해 그 윤곽만 언급했을 뿐, 구체적으로 서술하지 않았다는 점이다. 즉, 이러한 지휘 기법들은 구전으로만 전해져 내려온 것이었다. 따라서 외국에서 프로이센으로 유학 온 장교들은 이를 접할 수가 없었으므로 종종 극비의 지휘 교범이 별도로 있는 것으로 생각했다. 그러나 이는 역설적이게도 이미 보편적인 지휘 기법으로 받아들여졌기 때문에 더 이상 구체화할 필요가 없기 때문이었다. 독일이 제1차 세계대전에서 패한 후 약 15년간은 복종과 자주성에 대한 언급이 없었다. 그러다가 1929년에 폰 구스타프 하버에 의해 『군 교육의 기본원칙』이라는 책이 출간되었다. 이 책에서는 서로 융합하기 어려운 군기와 자주성에 대해서 자세히 분석했다. 하버는 다음과 같이 주장했다.

"전투원이 독립성을 유지하기 위해선 맹목적인 군기 교육, 야외 훈련, 제식훈련이나 전술 이론 및 야전 근무 요령에 대한 교육만으로 달성될 수 없다. 군사심리학자들이 항시 주장하고 있듯이 가장 중요한 것은 맹목적인 복종에서 벗어나 조건 없는 자발적인 복종심을 갖게 되어야 하는 것이다. 즉, 복종과 자주성의 상충된 이율배반적 상태가 서로 영향을 끼치지 않으면서 공존할 수 있도록 이를 극복해야 한다. 따라서 이와 같은 상황에서 현대적인 의미로서 '스스로 판단에 따른 복종'이란 개념을 도출해 낼 수 있겠다. 이로써 명령에 따른 시행만을 강요하는 군기보다는 전투원이 작전상황에 영향을 주는 각종 요소를 분석하고 활용할 뿐만 아니라 작전 실시의 목적과 필요성에 대한 통찰을 통해 모든 행위에 대해 계획성 있게 판단하는 것이 더욱 중요한 의미를 갖게 되었다."

즉, 전투원의 독립성은 맹목적 복종이 아니라 작전 목적을 부대원들과 공유함으로써 스스로 판단 능력이 있는 부대원들이 내적으로 공감할 수 있는 조건을 만든 상태에서 '자발적 복종(mitdenkender Gehorsam)'을 이끌어 낼 때 극대화될 수 있다는 지적으로, 결국 맹목적 복종은 전투원의 전투력 유지에 도움이 되지 않음을 의미한다고 할 수 있다. 하버의 이런 생각은 당시 군 재건을 담당했던 폰 젝트(von Seeckt) 장군에게도 영향을 주게 되었고, 이후 작전명령에 지휘관의 의도와 작전 목적을 제시하는 것으로 이어졌다. 1921년 젝트 장군은 『육군 교육의 기본 원칙』이라는 지침서에서 다음과 같이 언급했다.

"지식은 군대 직무에 관련된 분야만 국한된 것이 아니고 일반학 분야도 포함되어 군인이 자신의 전체 인생을 가치 있게 지내고 꼭 필요한 국민의 일원으로 육성되어야 한다. 지식과 능력보다 더욱 중요한 것은 존재 자체이며, 인격 도야가 지성 개발보다 우선한다."

당시는 독일이 제1차 세계대전의 패전으로 연합국이 주도한 베르사유 조약에 따라 군비 재건에 큰 제약을 받던 시기였다. 군의 재건을 한시라도 앞당겨야 하는 중차대한 시기에 폰 젝트 장군이 육군 교육의 기본 원칙을 제시하면서 군인이 자신의 인생을 가치 있게 지내야 하고, 인간 존재 자체에 대한 중요성을 강조했다는 것을 어떻게 이해해야 할까? 앞서 나는 프로이센 군대는 복종보다도 명예를 더 소중한 가치로 여기는 전통이 있었다고 언급했다. 그리고 젝트 장군의 이런 언급을 통해, 이 전통이 지금으로부터 100년 전에도 여전히 굳게 지켜지고 있음을 알 수 있다. 그리고 이런 전통의 효과는 제2차 세계대전에서 구체적으로 드러났다.

제1차 세계대전 당시 독일군은 프랑스 전선을 돌파하는 데 4년이라는 긴 시간이 필요했다. 그러나 제2차 세계대전 시기인 1940년 5월엔 불과 4일이라는 짧은 시간으로 충분했다. 기적과도 같은 역사를 만든 사람은 다름 아닌 구데리안(Heinz Wilhelm Guderian) 장군이었다. 그는 클라이스트(Ewald von Kleist) 장군 휘하에서 3개 기갑사단으로 편성된 기갑군단을 지휘하고 있었는데, 그의 지휘 모토는 "꾸물대지 말고 대담하게 움직여라!(Klotzen, nicht Kleckerm!)"였다. 스당(Sedan) 근처

1940년 5월 프랑스에서 Sd.Kfz. 251 장갑전투차량에서 전투를 지휘하고 있는 구데리안. 그는 제1차 세계대전 당시 통신장교로 참전한 경험이 있어 일찍부터 통신의 중요성을 간파하고 있었다. 그는 무선통신 기술이 전차 부대와 보병, 포병, 공군 간의 효과적인 협력을 가능하게 하고, 전장의 변화에 대한 신속한 대응을 가능하게 할 것이라고 보았다. 따라서 기갑 부대에 통신장비를 도입하는 데 적극적이었고, 그의 이러한 노력은 전격전(Blitzkrieg)을 20세기 가장 혁신적인 군사 전술의 하나로 만들었다. 〈사진 출처: WIKIMEDIA COMMONS | CC BY-SA 3.0〉

에서 실시된 구데리안의 기갑군단 돌파 작전은 후에 보편화된 전격전 (Blitzkrieg) 사상의 시발점이 되었다.

1940년 5월 13일 16시에 거행된 이 공격작전을 위해 구데리안은 스당 지역의 10km 돌파 정면에 예하 3개 사단을 집중시켰다. 상상을 초월할 정도로 많은 800대의 전차가 집중적으로 운용되었다. 성공적인 기습공격에는 공군의 활동을 간과할 수 없었다. 5월 13일 아침부터 공군은 뫼즈(Meuse)강 건너편에 있는 프랑스군의 요새지와 부대에 대해서 쉴 새 없이 항공 폭격을 감행했다. 이 항공 폭격은 독일군의 부족한 포병지원을 보강해 주었으며 프랑스군의 방어심리를 마비시켰다.

구데리안은 공군의 뢰르처(Bruno Loerzer) 장군과 함께 제파식(諸波式) 공습 방법을 개발하여 프랑스군을 지속적으로 공격했다. 그러나 상급자인 클라이스트 장군은 이 방법이 마음에 들지 않아 뢰르처 장군의 상급 부대인 제3항공사령관에게 기존의 방법으로 공격하라고 명령했다. 그러나 뢰르처 장군은 이 명령을 무시하고 구데리안과 약속한 방법대로 공격을 시행했다. 그는 후에 제3항공사령관이 급작스럽게 내린 명령 때문에 모든 것이 혼선을 빚었다고 설명하면서 "명령이 너무 늦어서 이를 수행할 수 없었다"고 말했다. 즉 자주성이란 불복종의 성격도 내포하고 있었던 것이었다.

구데리안과 뢰르처 장군의 판단은 당시 상황에 적합했고, 뫼즈강 대안에서 방어하고 있던 프랑스군을 마비시켜 공황 상태에 빠지도록 만들었다. 구데리안은 적의 혼란을 최대한 이용하여 교두보를 확보하고 5월 14일 정오에는 서쪽으로 공격을 재개했다. 독자적인 그의 결심 덕분에 상급 지휘관들도 임무를 조기에 완수할 수 있었다. 구데리안은 대서양 연안의 아브빌(Abbéville)에 도착할 때까지 모든 결심을 독자적으로 했다. 짧은 시간에 그들이 대서양에 도달한 것은 구데리안을 포함한 그 예하 모든 제대의 기갑부대 지휘관들의 자주적인 결단력에 기인한 것이었다. 그들은 명령이 하달되지 않아도 스스로 행동했을 뿐만 아니라, 경우에 따라서는 명령에 순응하지도 않았다.

5월 15일 폰 클라이스트 장군은 보병과 기타 부대들을 집결시키기 위해 전방으로 앞서 나간 기갑부대 선두에 제동을 거는 조치를 취했다. 그러나 이번에도 구데리안은 자신의 주장을 굽히지 않았다. 5월 17일 기갑군을 일정한 선에서 정지할 것을 명했다. 클라이스트 장군은 7시 경 몽코르네(Montcornet)에 있는 구데리안 지휘소에 비행기로 도착해서 그가 정지 명령을 준수하지 않고 앞으로 더 전진한 것에 대해 심하게 꾸짖었다. 구데리안 장군은 미친 듯이 화가 나서 자신의 보직을 해임해 줄 것을 요청했다. 클라이스트는 상급 부대에 구데리안 장군의 해임을 건의했으나 12군 사령관인 리스트 장군(Siegmund Wilhelm Walther von List)은 그의 건의를 받아들이지 않았다.

이 작전은 아주 짧은 명령에 의해 실시되었다. 각종 명령은 항상 예하 지휘관들에게 의도적으로 행동의 자유를 부여하고 있는 것을 알 수 있었는데, 1940년 5월 12일자 구데리안의 〈뫼즈강 도하 공격 준비 명령〉 마지막 5항에는 "나는 사단장 귀관들의 실행력을 믿어 의심치 않는다"라고 적혀 있다.

롬멜(Johannes Erwin Eugen Rommel)도 약간 더 북쪽에서 구데리안과 비슷한 방식으로 공격하고 있었다. 그가 지휘하는 7기갑사단은 호트(Hermann Hoth) 장군의 기갑군단 소속으로 A집단군 우익을 담당하고 있었다. 1940년 5월, 롬멜이 부여받은 임무는 방어 중인 적을 뫼즈강 너머로 격퇴하고 뫼즈강 서안을 확보하는 것이었다. 5월 12일 늦게 휘하 장병들 일부가 뫼즈강을 도하 할 수 있었다. 롬멜은 충분한 병력이 도착할 때까지 기다리지 않고 그날 저녁 뫼즈강 서쪽으로 약 6km 떨어진 옹예(Onhaye)에 대한 선제공격을 보병연대에 명했다. 이후에도 그는 공격 속도를 늦추지 않았다. 모든 마을은 프랑스군 부대로 가득 차 있었으나 이를 무시하고 통과했다. 온갖 어려움을 극복하면서 상브르(Sambre) 강변의 랑드르크리(Landrecries)에 도달해서 파괴되지 않은 한 교량을 확보했다. 7km를 계속 공격하고서야 그는 르 카토(Le Cateau) 마을 앞 능선에서 정지했다.

그곳에서의 상황은 더욱 악화되었다. 병사들은 기진맥진한 상태였고 탄약과 유류는 바닥이 났다. 동시에 강력한 프랑스군의 역습이 눈앞에 닥쳐왔다. 사단 주 지휘소와 군단으로의 통신이 두절 되었기 때문에 롬멜은 자체 방어에 들어가도록 한 후 사단을 재집결하고 기갑연대 보

1940년 5월 프랑스에서 지도를 보며 휘하 지휘관들에게 작전을 지시하고 있는 롬멜. 롬멜과 같이 결단력 있는 지휘관들은 '임무형 지휘' 속에서 주도권, 즉 주도적 결정권을 먼저 생각하고 항상 진두지휘하면서 전광석화와도 같이 적의 약점을 이용해 결정적인 지점에서 타격했다. 〈사진 출처: WIKIMEDIA COMMONS | CC BY-SA 3.0〉

급지원을 독려하기 위해 후방으로 달려갔다. 전방으로 추진된 특수임무부대는 적의 공격을 격퇴하는 데 성공했고, 롬멜 자신도 전체 사단을 전방으로 끌어모으고 모든 예하 부대들에 대한 전투근무지원 문제를 해결했다. 사단의 신속한 진격과 사단장이 손수 지휘한 전위 특수임무

부대의 운용은 대단히 대담하고 모험적인 것이어서 적들만 기습당한 것이 아니라 독일군 자신들도 놀랄 정도였다. 롬멜의 생각과 행동을 이해하고 적절히 조정한다는 것은 사단 참모부와 상급 부대에서도 아주 곤혹스런 일이었다. 그러나 그 성과가 롬멜의 정당성을 입증해 주었다.

롬멜의 선두 부대들은 적의 군단 종심(縱深)을 돌파하여 적을 거의 와해시키고 프랑스 제9군 후방지역으로 40km 이상 깊숙이 전진해 있었다. 프랑스군에게는 혼란과 마비 그 자체였다. 이와 같이 결단력 있는 지휘관들은 '임무형 지휘' 속에서 주도권, 즉 주도적 결정권을 먼저 생각하고 항상 진두지휘하면서 전광석화와도 같이 적의 약점을 이용해 결정적인 지점에서 타격했다. 이런 상황은 때때로 상급자나 상급 참모부가 불편해할 때도 있었으나, 예하 지휘관의 주도적 활동으로 밝혀져 오해가 풀렸고, 또 적절한 선에서 용인되기도 했다.

이 같은 독일군의 승리는 적절한 조직 및 편성, 우수한 전술적·작전적 지휘능력 등에 기인한 것이지, 물자나 병력의 우세에 따른 것이 아니었다. 물자와 병력 면에서는 1941년부터가 아니라 처음부터 시종일관 연합국에 비해 열세에 놓여 있었다.

히틀러의 개입

1941년 겨울이 되면서 상황이 바뀌었다. 러시아의 반격이 거세지면서 공격이 정지되었고 다가오는 겨울에 대비하지 않고 있었다. 그러나 독일군에게 최악의 상황은 히틀러가 총사령관이 되어 군의 지휘권을 행사하기 시작한 것이었다. 이때부터 '임무형 지휘'의 장점은 사라지기 시작했다. 히틀러는 교범에 명시된 '후퇴 작전'을 작전 형태에서 아예 삭제해 버리고, 탈취한 지형은 전쟁이 끝날 때까지 끝까지 확보할 것을 지시했다. 그러나 한 지형을 끝까지 확보한다는 것은 현실적으로 실행이 가능하지 않았다. 무엇보다도 예하 지휘관들의 자주성을 없애버리는 지시였기 때문에 당시 많은 군 지휘관들에게는 올바르게 받아들여지지 않았다.

1941년 11월 21일, 제1기갑군 예하 부대들이 돈(Don)강 하류 아조프(Asov)해 입구에 위치해서 작전적으로 아주 의미가 큰 로스토프(Rostov)시를 점령했으나 더 이상 유지할 수가 없었다. 소련군의 역습이 대단히 성공적이어서 기갑군은 철수를 건의해야만 했다. 당시 육군참모총장이었던 할더(Franz Halder) 장군은 예하 부대의 철수 건의에 대해 "이 질문에 대해 총통 각하가 최고의 역정을 내셨다. 그는 기갑군의 후퇴를 금지했다"라고 전쟁일지에 기록하고 있다. 남부집단군 사령관 룬트슈테트(Gerd von Rundstedt) 장군은 이 훈령에 대해 "나는 이 명령을 따를 수 없다. 명령을 수정하지 않으면 보직 해임을 요청한다"고 일갈했다. 히틀러는 그를 해임했다. 당시에는 이런 일들이 비일비재했다.

1940년 서부전선에서의 성공으로 히틀러로부터 높게 평가받았던 구데리안도 자기 의견을 강력히 주장하다 사령관직에서 해임당했다. 1941년 12월 17일, 그는 중부집단군에 "위험에 처한 부대들이 피해를 많이 입는다면 확보된 지형을 더 이상 지탱할 수 없습니다"라고 보고했다. 그러나 그의 보고는 히틀러의 훈령과 반대되는 것이었다. 그는 히틀러의 훈령을 예하 부대에 하달하지 않고, 히틀러에게 자신의 의견을 건의하기로 결심하면서 이렇게 말했다. "나는 이 명령을 철회해서 서류철에 정리할 준비가 되었다. 비록 군사재판에 회부 된다고 할지라도 나는 이 명령을 계속 하달하지 않겠다." 그는 히틀러에게 이렇게 건의했다.

"총통 각하께선 모든 부대가 현재 위치하고 있는 곳에서 끈질기게 방어할 것을 명하셨습니다. 우리 군과 예하 부대들은 진지를 사수하겠다는 의지가 충만하고 또 그 필요성도 절감하고 있습니다. 그러나 이 명령을 실행함으로써 큰 위험에 봉착할 수도 있습니다. 총통의 명령은 후방지역 방어에 아주 유리하고 전투차량들을 방호해 줄 수 있는 지형이 있는데도 불구하고 아주 불리한 지형에서 적의 공격을 막을 것을 강요하고 있습니다. 이와 같이 융통성이 없는 명령 때문에 예하 부대들이 예비대가 부족하고 또 그 상태에서 적의 공격을 저지해야 하므로 괴멸될 위기에 처할 수밖에 없습니다. 결론적으로 저의 예하 부대들이 괴멸

되든지 가능한 예비대를 추가적으로 투입하는 방법밖에 없습니다. 저는 총통 각하의 명령을 무조건 실행했을 때의 결과에 대해 충심으로 주지시키면서 앞서 말씀드린 대로 융통성 있는 적용을 건의 드립니다."

그러나 구데리안의 건의는 받아들여지지 않았다. 12월 26일, 구데리안은 사령관직에서 해임되어 육군본부로 대기 발령되었다. 같은 기간에 많은 장군이 전역하거나 보직해임 되었다. 이들 중에는 6군단장인 푀르스터(Förster) 장군, 27군단장인 폰 가블렌츠(von Gablenz) 중장 등이 있는데, 그들은 예하 부대들이 너무도 빨리 궤멸되어 정지 명령을 하달할 수가 없었고, 건의할 수도 없었는데, 결국 군사재판에 회부 되었다. 북부집단군 사령관이었던 폰 레프(von Leeb) 원수도 여러 차례에 걸쳐 결정의 자유를 요청한 것이 화근이 되어 이듬해 1월 전역 당했다. 4기갑군 사령관인 회프너(Erich Hoepner) 장군은 수차례에 걸쳐 예하 부대를 철수시킬 것을 건의했으나 회답을 받지 못해, 자신의 판단에 따라 철수시켰으나 결국 보직해임 되었다. 42군단장이었던 스포넥(Hans Graf von Sponeck) 중장은 흑해와 아조프해 사이에 있는 케르치(Kertsch) 반도에서 부대를 철수시켰다는 이유로 군사재판에 회부되었다. 그러나 이 조치는 후에 만슈타인도 스포넥 장군이 46사단을 신속하게 후퇴시켰기 때문에 전투력을 온전히 보존할 수 있었다고 인정했다.

당시 히틀러는 군에 이미 확고하게 정립된 '임무형 지휘'에 대해 신뢰하지 못했다. 당연히 고급장교들의 전통적인 지휘 사상은 히틀러의 견해와 일치되지 않았고, 전선의 상황은 더욱 악화되어 갔다. 시간이 지나면서 각급 제대 지휘관들이 이와 같은 간섭을 회피하려는 경향이 뚜렷하게 나타나기 시작했다. 견해 차이를 좁힐 수 없다는 것을 알아차린 지휘관들은 수령한 명령을 무시하고 자신의 직권으로 예하 지휘관들에게 행동의 자유를 보장해 주기 시작했다. 물론 이와 같은 시도는 '명령과 무조건적 복종'이란 구습을 경멸하는 처사였다. 1944년 7월 19일과 20일 야간에 2군과 55군단 간에 있었던 아래의 전화 통화 내용은 이를 대변한다.

55군단장: 전선을 후방으로 조정해야 하겠습니다. 군사령부의 승인이 필요합니다.

2군사령관: 안 됩니다. 상급사령부에서 명령이 새로 하달되기 전에 허가해 줄 수 없습니다. 군단이 적의 강력한 저항에 의해서 밀려난다면 어쩔 수 없겠습니다.

군단 참모장: 군단은 동쪽 지역에 배치된 부대들을 대부분 철수시켜 약한 적이 공격해 오더라도 철수할 수밖에 없도록 조치하겠습니다.

군사령관: 명확한 보고를 해 주면 좋겠는데, 그건 사실이 아니

지 않습니까?

군단 참모장: 적이 공격하지 않는데도 전선이 무너졌다고 보고할 수는 없습니다. 단지 적이 전진해 오면 강압에 의해 철수를할 수 있을 정도로 동부지역에서 병력을 전환하겠습니다.

군사령관: 그렇게 하시오.

『임무형 전술의 어제와 오늘』을 저술한 디르크 W. 외팅은 책에서 "당시 예하 부대 및 참모부의 능력과 책임감이 명령에 대한 무조건적 복종 의무보다 강했기 때문에 부대들이 의미 없이 궤멸되거나 와해되는 것을 피할 수 있었다"고 기술했다. 1948년에 연합국 측에서 독일 포로들의 심문 결과를 바탕으로 한『제2차 세계대전 시 독일 국방군의 응집력과 분열』이라는 책이 발간되었다. 이 책에 따르면 독일 국방군은 병력의 숫자나 장비 규모 면에서 확실히 열세였지만, 전 전선에서 수년간에 걸쳐 계속된 철수 작전에도 편제표에 있는 부대구조를 그대로 유지하면서 높은 전투력을 지속적으로 발휘할 수 있었다. 탈주병들은 극히 적었을 뿐이었다. 이런 관점에서 영국군 장성이자 『전문직업군(The Profession of Arms)』의 저자인 해킷(Winthrop Hackett) 경은 제2차 대전 당시의 독일군에 대해 "누가 일등인가는 의심할 여지가 없다. 그것은 독일군이었다. 한 군대의 높은 질은 패배할 때 가장 잘 나타난다"면서 높이 평가했다.

이상에서 살펴보았듯이 각 개인의 자주성을 강조하는 독일군의 장점은 히틀러의 등장으로 정반대의 방향으로 변형된다. 상식적으로 생각해 보면 군인의 명예와 자주성을 중시하는 독일군 장교들이 어떻게 강압적이고 전체주의적인 히틀러의 나치 사상에 복종할 수 있었을까라는 질문이 자연스럽게 떠오른다. 그 비밀은 무엇일까?

사실 히틀러의 등장 이전에만 해도 독일의 군대는 일반 시민사회보다 더욱 히틀러의 나치 사상에 반기를 들 수 있는 분위기였다. 그러나 히틀러가 독일 국민의 지지를 등에 업고 군에 '절대적인 지휘원칙(Führerprinzip)'을 이식함으로써 그 분위기는 반전되었다. 히틀러가 도입한 원칙은 기본적으로 모든 사회 구성원이 총통에게 절대적인 또는 거의 무조건적인 복종을 해야 한다는 원칙으로, 총통의 말씀은 모든 성문법에 우선한다는 개념이었다. 나치는 독일 국민의 절대적 지지에 의해 정권을 장악했기 때문에, 나치의 주장은 국민적 반감이 없었고, 따라서 나치 정권은 독일 장교들에게 강압적 분위기가 아닌 상태에서도 히틀러에게 충성을 맹세하도록 할 수 있는 사회적 권위를 획득했다. 따라서 장교들은 강력하게 저항할 수 없었고, 히틀러에게 충성맹세를 한 상태에서 '절대적인 지휘원칙'을 거부할 수 없었다. 또한 히틀러는 친위부대를 동원해 이를 거부하거나 소극적인 군인들에게 압력을 가했기 때문에 개별 군인들은 나치에게 충성할 수밖에 없었다.

제2차 대전이 종료된 후 뉘른베르크(Nürnberg) 재판에서 나치의 고위 간부들은 자신들은 '절대적인 지휘원칙'에 따랐을 뿐이므로 죄가 없다고 항변했다. 그들은 "명령은 명령이다(Befehl ist Befehl)"라고 주장하며 군인이 상급자의 명령에 따른 것에 대해 법적 책임을 물을 수는 없다고 주장했다. 그러나 이러한 그들의 주장은 받아들여지지 않았다. 왜냐하면 그들은 사리 분별을 할 수 있는 정상적인 인간이었고, 최종적으로 상급자의 명령을 받아들일지를 판단하는 것은 본인 자신이었기 때문이다.

나치의 폐해를 잘 알고 있었던 독일 정부는 1955년 독일 연방군(Bundeswehr)을 창설하면서 이러한 문제를 해결해야 했다. 즉 히틀러가 주입한 맹목적인 복종과 권위주의적 문화에서 탈피해야 했고 민주주의 체제와 조화를 이룰 수 있는 지휘체계가 요구되었다. 이 과정에서 새로이 정립된 개념이 '내적 지휘(Innere Führung)'였다. 이 원칙은 독일 연방공화국 헌법인 기본법Grundgesetz의 가치체계에 뿌리를 두고 있으며, 헌법에 명시된 민주주의·법치주의·인권 존중의 원칙을 군대 운영에 반영하려는 노력의 산물이었다.

이 개념은 군인 개개인을 시민이자 군인(Staatsbürger in Uniform)으로 정의하며, 군인이 단순한 명령의 수동적 집행자가 아니라 민주적 가치관을 지닌 책임 있는 주체임을 강조했다. 특히 '내적 지휘'는 법적·윤리적 판단 능력을 군인의 핵심 덕목으로 삼았다. 따라서 군인에게 상관의 명령이 비합리적이거나 불법적일 경우 이를 거부할 수 있는 정당성을 제공했다. 이것이 과거 나치 독일군이 저지른 전횡과 전쟁범죄를 방지할 수 있는 구조적 장치를 마련하기 위함이었다는 것은 너무도 분명하다.

그러나 그렇다고 해서 독일 연방군이 '임무형 지휘'를 폐기한 것은 아니었다. '내적 지휘'가 독일군의 포괄적 지휘 철학이라면, '임무형 지휘'는 이를 현장에서 구현하기 위해 활용하는 실무적 지휘방법으로 남아 있으며, 이를 외적 지휘라고도 한다. 즉, 내적 지휘가 지휘통솔(리더십), 정훈교육, 군법, 전쟁법 등으로 구성된 포괄적이고 가치 지향적인 개념이라면, 외적 지휘(임무형 지휘)는 전장에서 지휘·통제하는 전투지휘(Truppenführung)의 개념을 의미한다.

대한민국 육군의 임무형 지휘

대한민국 육군도 1970년대부터 독일의 임무형 지휘 개념을 접하게 되었는데, 육군 자체적으로 많은 토의와 연구 끝에 1999년 공식적으로 육군의 지휘 개념으로 받아들였다. 1999년 육군본부에서 발행한『임무형 지휘』라는 책자에서는 당시 한국 육군이 임무형 지휘를 받아들인 배경에 대하여 다음과 같은 세 가지 이유를 들고 있다.

첫째, 첨단 무기체계의 등장과 정보화 기술의 발달은 전장을 보다 광역화·다차원화 하고 있으며, 이에 상응하는 지휘관의 신속한 상황판단 및 조치능력이 전쟁의 승패를 좌우할 것이기 때문에 21세기 미래 전장을 주도해 나가기 위해서는 전장 운영의 핵심기능인 '지휘'에 대한 인식의 대전환과 함께 일대 변혁이 절실히 필요하고, 둘째 불확실성의 연속인 전장 상황에서 악조건을 극복하고 주도권을 장악하기 위해서는 평소부터 임무를 수행함에 있어 상하가 하나가 되어 자율적 · 창의적으로 임무를 완수하는 지휘 풍토를 조성해야 하고, 이에 부응하는 간부 능력을 계발해야 하며, 셋째 세계화 · 정보화 시대에 적합한 빠른 두뇌와 미래지향적인 사고를 지니고 있는 신세대 장병들의 의식 성향을 포용할 수 있는 지휘 개념의 발전이 필요하기 때문이다.

25년이 지난 지금 읽어봐도 매우 타당하다고 생각하며, 우리 선배들께서 잘 판단했고, 육군에 도입하기를 잘했다고 생각한다. 한편, 임무형 지휘를 육군의 공식 지휘 개념으로 채택하기 전에도 활발한 내부 토의가 있었다. 1996년에 육군대학에서 발간한 『군사평론』 제340호(1996년 6월 28일)에는 당시 육군대학 교수부에서 제시한 '임무형 지휘 실천방안'을 위한 기본적 철학 및 정신을 언급한 내용이 있는데, 복종의 자유와 자주성(자율성)이라는 부분에 대해 이렇게 언급하고 있다.

"군대의 상명하복 관계에서의 복종은 가장 중요시해야 할 가치 중의 하나이다. 그런데 이러한 복종은 실행과정에서 진정한 복종을 달성하는 데 장애가 되는 요소를 만나게 되는데, 복종의 절대화 또는 무조건적 복종은 진정한 복종을 달성할 수 없을 때가 생긴다. 즉, 그것은 지휘관이 명령을 내린 시점과 발생된 변화 때문에 그렇다. 지휘관은 명령을 내린 시점의 상황판단을 근거로 명령을 내리나 그 상황은 변한다. 이 때문에 상황에 맞게 계획을 변경하면서 지휘관의 의도를 달성해야 하는데, 절대적인 복종은 이것을 부인하는 것이다. 그러므로 임무형 지휘는 복종의 상대화를 추구하면서 진정한 복종을 달성하자는 것이다. 진정한 복종은 지휘관이 예하 부대의 행동을 구속하지 않을 정도의 융통성을 갖는 개괄적인 임무를 부여하고 예하 부대가 지휘관의 의도 내에서 함께 생각하고 자주적으로 행동함으로써 달성된다."

이 글에서도 알 수 있듯이 1990년대 후반, 육군은 '임무형 지휘'를 받아들이기 전에도 이미 절대적 또는 무조건적 복종은 오히려 지휘관의 의도를 방해하는 것으로 인식했으며, 따라서 지휘관의 의도에 부합하도록 '복종의 상대화'를 추구했음을 알 수 있다. 그러나 2002년에 육군대학을 졸업한 나는 위에서와 같은 '복종의 상대화' 내지 '복종의 자율성'에 대해서는 교육받은 기억이 없다. 당시 임무형 지휘에 있어 중요하게 언급된 것은 상급 지휘관의 의도 구현에 있었지, 예하 지휘관의 자주성에 대해서는 크게 부각하지 않았다. 그리고 간혹 독단 활용에 대한 언급이 있기는 했지만, 이 경우에도 반드시 상급 지휘관의 허용 범위 내에서의 독단 활용이었다.

이것이 의도적인 것인지, 우발적인 것인지는 모르겠지만 이는 결론적으로 독일식의 '임무형 지휘'의 반만 도입한 결과가 되고 말았다. 그리고 육군대학 교관들 중에는 아직도 이런 인식을 갖고 있는 사람들이 적지 않다. 그들은 아직도 복종에 자율이니, 상대화니 하는 단어를 섞는 것조차 터부시한다. 자칫 잘못했다가는 군대의 규율이나 군기에 역기능이 발생할지도 모른다는 우려 때문이다.

군대에서 복종은 기본이다. 나는 하급 군인들의 불복종을 옹호하거나 군의 규율을 약화시키기 위해서 이 글을 쓰고 있는 것이 아니다. 복종은 기본이지만, 그 복종에도 한계가 있으며 특히 절대화되어서는 안 되며, 부하들도 맹목적 복종을 추종해서는 안 된다는 것을 강조하는 것이다. 맹목적 복종은 군대를 우군화愚軍化시키게 되어 전투력을 약화시킬 뿐이다.

독일의 임무형 지휘는 장교 개개인에 대한 존중과 신뢰를 근본으로 한다. 개개인은 자신만의 자아와 주체성을 가지고 있는, 이 세상에 그 무엇과도 바꿀 수 없는 유일한 존재이다. 따라서 그의 존재는 존중되어야 하고 그가 한 행위는 그의 책임으로 증명되어야 한다. 따라서 그의 행위는 명예롭다. 누군가의 무조건적 지시와 명령을 거부한다.

이러한 사상적 전통이 있었기에 독일군에서는 복종보다도 명예가 더 우선시되었다. 그렇기 때문에 독일 장교들은 명예를 지키기 위해 책임을 회피하지 않았다. 자신의 목숨을 내놓았고, 자신의 직을 걸었다. 1940년 대서양 연안을 향해 진격하는 구데리안과 롬멜의 생각에는 기갑부대의 특성을 살려 최대한 이른 시간에 적 진영 깊숙이 들어가서 적의 심장부를 공포의 도가니로 만드는 것이 전쟁을 승리를 이끄는 길이라고 확신했고 그것이 자신의 임무를 완수하는 책임으로 생각했기 때문에 항명죄의 위험을 감수하면서까지 적진을 향해 진격했던 것이다.

이런 행동은 절대로 무책임한 행동이 아니다. 책임에는 두 가지 종류가 있다. 첫 번째는 주어진 일이나 임무를 수행해야 하는 책임(Responsibility)이다. 이는 계급과 직책 그리고 명령에 의해 자신에게 주어진 임무를 완수해야 할 책임이다. 당시 구데리안과 롬멜에게는 프랑스군에게 승리해야 할 책임이 있었다. 당시 그들은 대서양 연안으로 최대한 신속하게 진격하는 것이 부대원의 희생을 최소화하고, 적군인 프랑스군을 마비시키면서 승리할 수 있는, 즉 임무달성을 위한 최선의 방법이라는 공감대를 갖고 있었다. 그래서 과감하게 실천한 것이었고, 만약 자기 생각이 틀렸다고 생각하면 자신을 해임하라고 했다.

두 번째 책임은 어떠한 행위의 결과에 대한 책임(Accountability)이다. 이것은 자기가 한 행동의 결과에 기초해서 평가받고 그 결과에 따른 잘잘못을 수용하는 것이다. 구데리안도, 롬멜도 자신의 책임을 회피하지 않았다. 자신이 잘못했다면 기꺼이 목숨을 내놓을 각오로 실행한 행동이었다. 따라서 불복종의 조건은 상급자의 명령보다 자신이 생각하는 가치가 더 명예롭다고 생각할 때였고, 혹 자신이 잘못 판단하여 결과가 잘못 되었을 경우에는 자신의 목숨과 직책을 내놓을 각오로 한 행위였다. 프로이센의 왕자 프리드리히 칼 왕자는 이와 관련하여 이렇게 말한 바 있다.

"군인이 복종하지 않아도 되는 경우는 언제인가? 임무에 대한 어떠한 교시에도 모든 경우에 맞는 완벽한 설명이 포함될 수 없다. 이를 원하는 사람이 있다면 유용하기보다는 더 해로울 것이다. 그러므로 명령이나 임무를 수행하는 것이 불가능하거나 쓸데없는 경우를 생각해 볼 수 있다. 이와 같은 순간을 인식해 내는 것이 군사적인 판단력의 자주성에 대한 가장 어려운 시험이다. 책임의식이 몸에 밴 군인이 의식적으로 불복하게 되는 상황이 바로 이런 경우이다. 군인은 명예와 목숨을 걸어야 하는데 그 결과만이 책임을 면제해 줄 수 있다."

반면 12월 3일 대한민국의 주요 장군들의 행동은 어땠는가? 그들은 어떤 고귀한 명예를 선택했고, 그 선택에 어떤 책임을 질 생각을 하고 있는가?

대한민국 육군은 '임무형 지휘'를 2018년에 지휘 철학으로 채택하여 지금까지 적용하고 있다. 2019년 육군 교육사령부에서 발간한 『교육참고(8-1-14)』에서는 '임무형 지휘'에 대해 다음과 같이 정의하고 있다.

　"임무를 효과적으로 완수하기 위하여 상급 지휘관은 예하 지휘관에게 명확한 지휘관 의도와 과업을 제시하고 가용자원을 제공하며, 예하 지휘관은 상급 지휘관 의도와 부여된 과업에 기초하여 자율적이고 창의적으로 임무를 수행하는 것이다."

　이 정의에서도 알 수 있듯이, 육군의 '임무형 지휘'는 상급 지휘관이 예하 지휘관에게 명확한 지휘관 의도와 임무를 제시해야 한다. 12월 3일 계엄에 관련되었던 장군들이 육군의 '임무형 지휘'를 제대로 알고 있었다면, 그리고 실천 의지가 있었다면, 대통령과 국방부 장관 또는 계엄사령관의 정확한 지휘 의도와 임무를 인식해야 했고, 만약 명확한 내용이 하달되지 않았다면 물어보고 확인해야 했다. 당신이 이런 명령을 하달한 의도는 무엇이고, '최종 상태(End State)'는 어떤 것인가를.
　당시 예하 부대원들이 소극적으로 작전에 임했고, 자신의 임무에 확신을 갖지 못했다는 증언들이 잇따르고 있다. 계엄을 지시한 대통령이나 국방부 장관은 왜 자신의 지휘 의도와 최종 상태를 부하들에게 명확하게 인식시키지 못했을까? 역설적이게도 그 답변은 김용현 국방부 장관이 인사청문회에서 본인이 한 말에 정답이 있다. "계엄이요? 지금 이 상황에서 군인들이 따르겠습니까? 저 같으면 안 따르겠습니다."

복종과 불복종

언제나 복종의 대상은 인간이다. 우리는 자판기에 돈을 넣고 '콜라' 스위치를 누르면 '콜라'가 나오고, '사이다' 스위치를 누르면 '사이다'가 나온다고 해서 자판기가 나에게 잘 복종한다고 생각하지 않으며, AI가 유창하게 답변을 잘한다고 해서 그 AI가 나에게 복종한다고 말하지 않는다. 복종은 인간과 인간의 관계에서만 성립한다. 그런데 인간 지도자는 자신의 권력을 무한정 남용할 수 있다. 지도자의 권력 남용은 부패, 억압, 특정 집단의 배제, 심지어는 대량 학살로도 이어질 수 있다. 이 경우 지도자의 명령은 부당한 명령이고 복종해서는 안 되는 명령이다. 미국의 진보적 역사학자 하워드 진(Howard Zinn)은 1997년에 출간한 저서에서 "역사적으로 전쟁, 집단학살, 노예제도 같은 가장 끔찍한 일들은 불복종 때문에 생긴 것이 아니라 복종 때문에 일어났다"라는 유명한 말을 남겼다.

인간의 복종과 불복종

나는 앞 장에서 독일군에서 유래된 '임무형 지휘'에 대해서 그 탄생 배경과 주요 내용, 그리고 제2차 세계대전 이후, 현대 독일 연방군의 '내적 지휘'로 발전하게 된 것까지도 언급했다. 많은 국가 중에서 오직 독일군의 사례만 언급하는 이유는 우리 육군이 '임무형 지휘'를 지휘 철학으로 채택하고 있기 때문이다. 그리고 현재 임무형 지휘를 채택하고 있는 미국이나 이스라엘의 경우도 독일군의 영향을 받았음은 물론이다.

7장에서 언급했다시피 독일군에게는 18세기부터 '자발적 복종'이라는 개념이 자리 잡고 있었으며 지휘관은 부하들이 자발적 복종을 할 수 있는 충분한 공간을 부여하는 것을 지휘관의 책임으로 인식했다. 따라서 독일군에게 하달된 명령은 무조건 따라야 할 지상과제로서의 명령이 아니라, 부하들이 낱낱이 해부하여 그 진정한 의미를 파악하고 되새김질을 해서 자신의 명령으로 소화하여 다시 부하들에게 하달해야 할 객관적 대상으로서의 명령이었다. 반면 대부분의 나라에서 상급자의 명령은 무조건적으로 따라야 할 주관적 지상명령이었다. 그렇다면 인간에게 복종이란 어떤 의미일까?

인간의 인지발달과 도덕성 발달에 커다란 기여를 한 학자 중에 스위스의 심리학자이자 철학자인 장 피아제(Jean Piaget)가 있다. 그는 아동의 전반적 인지발달 수준이 아동의 도덕적 판단을 결정한다고 생각했다. 그리고 역으로 도덕성 발달 과정은 자기중심적 사고에서 벗어나 다른 사람의 관점에서 자아와 대상을 볼 수 있게 된다는 점에서 지적 발달 과정과 동일한 원리라고 보았다. 피아제는 아동들에게 여러 가지 이야기를 들려주고 각 상황에 대해 아동들이 내리는 판단을 관찰했고, 그 결과 아동의 도덕적 판단은 '타율적 도덕성'으로부터 '자율적 도덕성'으로 발달해 간다고 결론지었다.

타율적 도덕성의 단계는 보통 4~7세까지를 말하며 이 단계에서는 어른들의 신체적 힘에 대한 두려움과 어른의 권위에 대한 복종에서 시작된다. 신이나 부모와 같은 권위적 존재가 규칙을 만든 것이므로 그 규칙은 신성하고 변경할 수 없는 것이며, 이를 위반하면 벌을 받아야 한다고 생각한다. 행위자의 의도와는 관계없이 행동의 결과만을 가지고 판단하는데, 예를 들어 엄마를 도와서 청소를 하다가 그릇을 5개 깨뜨리는 것이 엄마 몰래 과자를 꺼내 먹다가 그릇 1개를 깨뜨리는 것보다 더 나쁘다고 생각한다.

자율적 도덕성 단계는 보통 10세 이후로 보고 있는데, 그 이유는 7세부터 10세까지는 이 둘이 공존하는 과도기적 단계로 보기 때문이다. 자율적 도덕성 단계의 아동은 규칙이 상호 합의에 의해 제정되며, 서로가 동의하면 언제든지 자율적으로 변화될 수 있다고 생각하게 되며, 행위의 결과보다 행위자의 의도를 고려하여 종합적으로 옳고 그름을 판단하게 된다. 예를 들어 응급환자를 수송하는 구급차 운전기사가 환자를 살리기 위해 과속으로 운전하는 것은 부도덕하지 않다고 생각한다. 또한 규칙을 어겼다고 해서 반드시 처벌받는 것은 아니며 행위의 의도와 과정상의 행위들을 고려하여 정상참작이 필요함을 인정하게 된다. 결론적으로 피아제는 인간의 의지는 환경과 상호작용하면서 변화하고 발달하는데, 인간의 도덕성은 타율적에서 자율적으로 발달한다는 점과 이 과정에서 인간의 능동적 역할이 중요함을 강조했다.

인간이 '복종'을 받아들이는 메커니즘도 다르지 않다고 본다. 유아기에는 인지발달의 수준도 낮고 사회적 관계망도 부모 등 일부 가족 중심으로 한정되어 있기 때문에 그들의 말을 절대적으로 복종해야 할 것으로 받아들인다. 반면 아이는 성장하면서 자아의식이 발달하게 되고 어떤 행위의 결과만이 아닌 그 맥락을 이해하게 되며, 사회적 관계망도 확장되면서 맹목적 복종에서 벗어나 선별적 복종을 하게 된다.

여기에서 우리가 중요하게 받아들여야 할 것이 있는데, 언제나 복종의 대상이 인간이라는 점이다. 그리고 더 중요한 것은 인간은 고정적이지 않고 성장하고 변한다는 것이다. 우리는 자판기에 돈을 넣고 '콜라' 스위치를 누르면 '콜라'가 나오고, '사이다' 스위치를 누르면 '사이다'가 나온다고 해서 자판기가 나에게 잘 복종한다고 생각하지 않으며, 현재 한창 유행인 AI가 유창한 답변을 잘한다고 해서 AI가 나에게 복종한다고 말하지 않는다. 심지어 생명체인 애완견이 내 말을 잘 듣는다고 해도 날 잘 따른다고 표현하지, 나에게 복종을 잘한다고 표현하지는 않는다.

이처럼 복종은 인간을 대상으로 한 표현이다. 왜냐하면 인간만이 스스로 판단하고 결정할 수 있는 '자유의지'를 갖고 있기 때문이다. 그렇다면 신은 왜 인간에게 자유의지를 준 것일까? 많은 신학적·철학적 답변이 있을 수 있겠지만, 나는 신이 인간에게 자유의지를 준 이유를, 신이 인간을 사랑하기 때문이고 인간과 교류하기를 원했기 때문이라고 믿고 싶다. 자신의 피조물이라 해서 그 피조물 자체가 생각이 없고 프로그램된 그대로만 결과를 뱉어낸다면 그것이 과연 사랑의 대상이 될 수 있을까? 로봇이나 자판기에서 우리가 사랑의 감정을 느낄 수 있을까? 또 프로그램화된 내용만 답변하는 피조물과 그 어떤 상호 교류를 할 수 있을까?

기독교 신앙의 예를 들면, 하느님은 인간을 사랑하기 때문에 아담에게 자유의지를 주신 것이다. 그러면 인간 최초의 불복종은 어떤 것이었을까? 나는 선악과를 따먹지 말라는 하느님의 명령을 거역한 아담의 행위가 최초의 불복종 행위라고 생각한다. 물론 이 불복종 행위로 인해서 아담은 에덴동산에서 쫓겨나는 큰 벌을 받게 된다. 어쨌든 신의 형상대로 만들어진 '아담'마저도 전지전능하신 하느님의 명령을 어기는 불복종의 행위를 하게 되었음을 우리는 성서를 통해 알고 있다. 원죄 없이 태어난 아담마저도 하느님의 명령을 거역했는데, 원죄로 얼룩진 우리 인간들이 어떻게 같은 인간의 명령에 100퍼센트 복종만 할 수 있을까? 자유의지를 갖고 있는 인간에게 100퍼센트 복종을 강요하는 것은 인간 창조의 목적과도 배치된다는 것이 나의 생각이다. 복종이라는 영어 단어 'Obedience'는 라틴어 'ob-audire'에서 유래했는데, 이는 '잘 듣는다'라는 의미로 주님의 뜻을 헤아리기 위해 주의 깊게 듣는 것을 의미한다. 즉, 복종은 오로지 전지전능한 신에게만 해당되는 것이었다.

그러나 인간의 역사는 지배자에 의한 명령과 피지배자의 복종 관계 속에서 발전해 왔음을 또한 부정할 수 없다. 진화적 관점에서 보면 인간은 사회적 집단 속에서 생존과 번식이 가능하도록 발전했으며, 이러한 과정에서 능력이 뛰어난 한 사람—지배자—이 이끌고 다수는 그에게 복종하는 시스템은 생존과 번식에 상당한 이점을 제공했다. 인류의 초기부터 조상들은 자원의 분배, 포식자나 경쟁 부족에 대한 방어, 집단 갈등의 해결 등 중요한 결정을 내릴 때면 집단을 이끄는 지도자의 결정에 의지했다. 강력한 지도자는 집단이 협력하고 단결하여 행동하도록 도와 생존 가능성을 키웠다.

이 과정에서 복잡한 계층구조가 생겼다. 물론 이러한 계층구조는 인간만의 전유물은 아니고, 동물 집단에서도 볼 수 있다. 그러나 동물집단과 달리 인간 집단에서만 나타나는 현상이 있는데, 인간 지도자는 자신의 권력을 무한정 남용할 수 있다는 점이다. 지도자의 권력 남용은 부패, 억압, 특정 집단의 배제, 심지어는 대량 학살로도 이어진다. 즉 복종의 부정적 측면은 특정 사회가 특정 집단 전체를 말살할 수 있는 능력을 갖추게 된다는 것이다.

당연히 이 경우 지도자의 명령은 부당한 명령이고 복종해서는 안 되는 명령이다. 미국의 진보적 역사학자 하워드 진(Howard Zinn)은 1997년에 출간한 저서[25]에서 "역사적으로 전쟁, 집단학살, 노예제도 같은 가장 끔찍한 일들은 불복종 때문에 생긴 것이 아니라 복종 때문에 일어났다"라는 유명한 말을 했다. 우리는 이 말의 의미를 깊이 생각해 봐야 한다. 실제로 제2차 세계대전 중 독일의 나치는 수백만 명의 유대인과 기타 소수 민족뿐만 아니라 동성애자, 집시, 공산주의자, 장애인 등 자신들이 배제해야 한다고 여겼던 많은 사람을 몰살했다. 캄보디아에서는 폴 포트(Pol Pot)가 이끄는 크메르 루주(Khmer Rouge) 군대가 1975년부터 1979년 사이에 자신의 가치와 정치적 이상에 반대하거나 방해가 되는 캄보디아 시민 170만~220만 명을 살해했다. 최근의 사례로는 1994년 르완다 내전 당시 다수 민족 후투(Hutu)족이 소수 민족 투치(Tutsi)족 80만~100만 명을 학살했다. 이렇듯 인류 역사에 기록된 복종은 긍정적 측면과 부정적 측면이 동시에 존재한다. 이것은 인간 사회에 절대적 복종은 인류에게 도움이 될 수 없으며 선별적 복종만이 우리가 추구해야 할 방향임을 시사한다.

집단학살은 지도자 한 사람의 능력만으로는 불가능하다. 그 일을 처리해야 할 많은 협력자 내지는 직접 일을 처리하는 부하들이 있어야

---

25 합동교범 10-2, 『합동·연합작전 군사용어사전』, 합동참모본부, 2020.

한다. 그렇다면 그 많은 부하는 왜 부당한 명령에 복종했을까? 벨기에 헨트대학교 실험심리학과 교수인 에밀리 A. 캐스파(Emilie A. Caspar)는 이를 '공감' 능력과 '범주화' 그리고 '인간성 제거'로 설명한다. 공감은 다른 사람의 감정을 느끼고 이해하는 능력이라고 볼 수 있다. 공감은 인간의 사회적 상호작용을 형성하고 인간관계를 다채롭게 만드는 놀라운 능력으로서 다른 사람의 감정을 깊게 이해하게 해준다. 또한 공감 능력은 친사회적 행동을 촉진하고 다른 사람의 괴로움을 줄이는 데도 중요한 역할을 한다. 따라서 자신의 행동이 다른 사람에게 고통을 준다는 것을 인지하게 되면, 본인이 그 고통을 경험할수록 다른 사람에게 추가적인 고통을 줄 가능성은 줄어든다. 정상적인 사람은 맞아봐서 아프다는 것을 인지하면 상대방도 그만큼 아플 수 있다는 것을 공감하기에 상대방에게 그렇게 하지 않는다. 그러나 어떤 사람은 자신이 아픈 것을 알기 때문에 오히려 더 상대방을 아프게 하는 사람도 있다.

저명한 심리학자 폴 블룸(Paul Bloom)은 『공감의 배신: 아직도 공감이 선하다고 믿는 당신에게(Against Empath: The Case for Rational Compassion)』라는 책을 썼다. 그는 공감이 편협할 수 있으며 우리가 사랑하고 아끼는 사람에게는 호의를 베풀지만, 우리 집단에 속하지 않는다고 생각하는 사람에게는 부정적인 태도를 유발할 수 있다고 강조한다. 그리고 다른 학자들의 실험에 의하면 사회적 위계에 대한 선호도가 높은 집단일수록 집단 간 공감 편향이 더 크게 나타난다는 사실을 알아냈다. 특히 이들이 정치집단으로 등장하게 되면 다른 집단이나 소수자를 향해 두려움이나 분노, 혐오 등 부정적인 감정을 일으킨다고 했다.

모든 집단학살 정권의 공통점은 지도자의 선전과 홍보가 '우리'와 '그들' 사이의 차이를 과장하고 부풀리는 데 성공했다는 것이다. 그들은 민족성, 종교, 인종 또는 정치적 이념을 이용해 동질감보다는 차이를 부각하고 사회를 분열시켰다. 독일인과 유대인, 후투족과 투치족, 터키인과 아르메니아인, 문명인과 야만인 등. 이런 현상은 모든 집단학살의 공통적인 특징이다. 즉 개인을 각자의 특성 있는 인격체로 존중하지 않고, 그저 집단의 구성원으로 간주하는 것이다. 이를 '범주화'라고 한다. 이렇게 성공적인 범주화가 이루어지고 나면 지도자는 그들 집단의 인간성을 제거하는 작업에 돌입한다.

어떤 권위를 가진 사람이 갑자기 정치적 이념이나 민족성 또는 종교적 신념 때문에 다른 인간을 말살하라고 명령했다고 해서 집단학살이 바로 시작된 경우는 거의 없다. 나치의 집단학살 당시 사용한 가스실도, 르완다에서 마체테(Machete)[26]를 이용한 대량 학살도 상대방에 대한 '비인간화' 과정이 없었다면 일어날 수 없었을 것이다.

---

26 '벌목도' 혹은 '정글도'로 불리는 도검으로, 정글이나 산림에서 벌초 및 벌채 등을 할 때 사용하는 도구를 말한다. 일반적으로 험한 작업에 쓰이는 만큼 보통의 단검보다 훨씬 두껍고 튼튼하게 만들어진다. 르완다 내전 당시 이 무기가 학살용으로 많이 쓰였다.

르완다에서는 라디오 방송국이 정부 지도자들과 연합해서 투치족을 바퀴벌레를 뜻하는 이니엥지(inyenzi)와 뱀을 뜻하는 인조카(inzoka)로 묘사하기 시작했다. 거의 언제든 죽여야 할 해충으로 여기는 동물의 이름으로 투치족을 부름으로써 집단학살을 조장했고, 투치족에게서 인간성을 지속적으로 제거했다. 홀로코스트 당시 나치는 유대인을 쥐와 같다고 보도했다. 독일의 대중들은 사람을 죽이는 것은 나쁘다는 것을 잘 알고 있었지만, 쥐를 말살하는 것에 대해서는 아무런 죄책감 없이 받아들였다. 나치는 유대인을 체포하면 죽음의 수용소에서 이름이 아닌 번호로 식별했다. '운터멘쉔(Untermenshen: 하위 인간)'은 나치가 유대인, 집시, 슬라브인 등 열등하다고 보는 비아리아인[27]을 묘사할 때 사용했던 단어이다. 독일어로 인쇄하여 여러 언어로 번역된 선전 책자에는 다음과 같은 내용이 포함되어 있었다.

"밤이 낮을 거스르듯 빛과 어둠은 영원한 갈등 속에 있다. 이와 마찬가지로 하위 인간은 지구의 지배 종족인 인류의 가장 큰 적이다. 하위 인간은 자연이 만든 생물학적 생명체로서 손, 다리, 눈, 입 심지어 뇌의 외관까지 갖추고 있다. 그럼에도 이 끔찍한

---

[27] '히틀러와 나치는 독일인들은 '아리아인' 인종으로 인식했다. 아리아인들이 인종 계층의 최상위에 있다고 주장하면서 '마스터 인종'이라고 불렀다. 나치들은 아리아인을 금발 머리, 파란 눈, 탄탄하고 키가 큰 사람으로 이상화했다.

생물은 부분적으로만 인간일 뿐이다. ……겉모습이 인간처럼 보인다고 해서 모두가 실제로 인간은 아니다. 이 사실을 잊어버리는 자는 화를 면치 못할 것이다."

캄보디아의 집단학살 기간에는 시민 170만~220만 명이 학살당했는데, 이는 전체 인구의 20~25퍼센트에 해당하는 엄청난 규모였다. 그런데 그들 모두는 같은 캄보디아인이었고 같은 크메르족이었다. 어떻게 이런 일이 가능했을까? 폴 포트와 그의 군대는 수도 프놈펜을 장악하고 주민들을 강제로 시골로 이주시켰다. 그들은 도시인들이 부르주아지에 속하며 자신들이 수립하고자 하는 농업혁명에 위협이 된다고 생각했다. 교사, 법조인, 의사, 성직자 등 지식인으로 간주되는 모든 사람은 재교육을 받거나 살해당했다. 그들은 반대 세력을 '내부에 잠복한 숨은 적', '병적 요소', '사회와 생산성을 위협하는 봉건 자본가/지주계급'으로 표현함으로써 차이를 만들어 냈다. 즉, 그들은 이념을 근거해 사람들 사이에 차이를 만들어 냈고 청소, 분쇄, 죽이기 같은 단어를 사용했다.

또 다른 비참한 예는 식민주의다. 식민주의는 비인간화를 이용해 기존 식민지에 거주하고 있던 사람들에 대한 학대를 정당화했다. 비문명인, 미개인, 야만인이라고 부름으로써 그들을 노예로 착취하는 것을 정당화했다. 이렇듯 '공감의 편향화'와 '집단의 범주화' 그리고 인간의 '비인간화'는 정부나 권력자가 폭력이나 학대를 정당화하기 위한 수단과 절차로 이용되었다. 그 이유는 표적이 된 집단이나 인간은 완전한 인간이 아니므로 다른 사람과 동일한 권리와 보호를 받을 자격이 없는 것으로 간주되었기 때문이다. 이것이 바로 대다수 보통 사람들이 지도자의 부당한 명령에 쉽게 복종하는 이유이다. 그리고 이는 권위에 대한 복종이 결코 옳은 것만은 아니라는 것을 증명한다.

군인의 복종과 불복종

중국의 춘추전국시대 제나라의 군사전문가로 활약한 전양저(田穰苴)는 '장재군 군명유소불수(將在軍, 君命有所不受)'라는 말을 했다. 장수가 전장에 나가 있을 때에는 군주의 명이라도 따르지 않을 수 있다는 뜻이다. 군주의 말이 곧 절대적 권위를 갖고 있었을 당시에 이런 말을 했다는 것이 대단하다고 느낄 수도 있으나, 실제 전쟁을 치르다 보면 이 말이 승리를 가져온다는 사실을 체험했기 때문에 권위 있는 말로써 지금까지 전해 온 것으로 볼 수 있다. 특히나 이 말은 『손자병법』을 저술한 손무가 오나라 왕 합려(闔閭)에게도 사용함으로써 더 유명해졌으니 손무 또한 이 말에 진심으로 동의했음을 알 수 있다.

그러나 이는 '명령을 따르지 않는다'는 의미에서 불복종을 강조하는 것보다는, 현장 지휘관의 자율성과 책임을 강조하고, 현장의 상황을 잘 모르는 군주는 장수의 일에 간섭하지 말아야 한다는 것을 강조하는 것으로 봐야 한다. 어쨌든 장수라는 높은 직위에 있는 사람에 해당하기는 하나, 군인이 무조건 상급자—임금—의 명령을 따라서는 안 된다는 생각이 고대 중국에서도 있었음을 알 수 있다. 반면, 클라우제비츠의 『전쟁론』에는 군인의 복종에 관한 내용이 거의 없다. 아마도 군인에게 복종은 당연한 것이기 때문에 특별히 이 부분에 대한 언급이 없었을지도 모른다. 그러나 복종과 직접적인 관계는 없으나 당시 병법가들이 일반 병사를 어떤 존재로 보았는지를 유추할 수 있는 구절이 있다. 『손자병법』 다섯 번째 〈병세(兵勢)〉 편에는 다음과 같은 내용이 나온다.

> "그러므로 전쟁을 잘하는 자는 전쟁의 승패를 기세에서 구하지
> 병사들을 문책하지 않는다. 고로 능력 있는 자를 택하여 임명하
> 고 그에게 기세를 준다. 기세를 잘 조정하는 자는 전쟁을 할 때
> 병사들을 목석처럼 전환시킨다(故善戰者, 求之於勢, 不責於人,
> 故能擇人而任勢, 任勢者, 其戰人也, 如戰木石)."

전쟁의 승패를 판가름하는 데 있어서 비록 패했다고 하더라도 그 원인을 병사들에게 돌리지 않고 그들에게 책임을 묻지 않는다는 것은 그만큼 장수의 역할과 책임이 크고 일반 병사들의 역할과 책임은 작다는 의미로 해석할 수 있으며, 또한 기세를 잘 조정하면 병사들을 두려움이

나 공포가 없는 나무나 돌처럼 만들 수 있다고 한 것으로 볼 때 각개 병사를 주도성이나 주체성 있는 존재라기보다는 장수에 의해 훈련되고 활용되는 존재로 보았음을 알 수 있다. 이런 존재에게는 당연히 이성적 판단에 의한 자율적 복종보다는 무조건적 복종만이 있을 뿐이다. 클라우제비츠도 『전쟁론』에도 일반 병사에 대한 언급은 거의 없다. 더구나 그가 군사적 천재에 대해서 설명하는 다음과 같은 부분에서는 고도의 엘리트 의식에 젖어 일반 병사들은 단지 복종의 대상에 불과한 것으로 보았던 사실을 엿볼 수 있다.

> "우리는 군사적 활동과 관련된 일체의 정신 요소들의 배합 성향을 살펴보아야 한다. 정신 요소들이 배합하여 군사적 천재의 본질을 구성하는 것이다. 군사적 천재는 용기와 같은 단일한 요소로만 되는 것이 아니다. 야만인 가운데에서는 군사적 천재로 볼 수 있는 사람을 거의 발견할 수 없다. 왜냐하면 천재는 야만인들이 계발할 수 없는 상당한 수준의 이성적 능력을 필요로 하기 때문이다. 군사적 천재의 소유는 문명의 수준과 일치한다."

『호모 사피엔스』로 유명한 유발 하라리(Yuval Noah Harari)는 나폴레옹 전쟁 이전까지 특히 17~18세기를 서양 역사에서 일반 병사의 이미

203
제8장 복종과 불복종

지와 위상이 가장 낮았던 시기[28]라면서 그 원인을 세 가지로 분석했다.

첫째 그 시기의 군대에는 커다란 환상이 있었는데, 군대는 생각 없는 로봇들로 구성되어 위대한 장군 한 사람의 명령에 의해, 모든 움직임이 일사불란하게 통제되는 체스판의 말처럼 움직여야 한다는 환상이었다. 당시 그들이 이렇게 생각하게 된 배경에는 16세기와 30년 전쟁 (1618~1648) 시에 주민들을 무자비하게 강탈했던 용병들과 자신의 목적과 이익만을 추구했던 무력 집단에 대한 거부감 때문이었다.

둘째는 당시 일반 병사의 대다수가 가장 가난하고 무시당하던 사회 구성원으로 충원되었다는 점이다. 당시 일반 병사는 자신의 의지와 상관없이 군대에 끌려온 사람이 많았고 술에 취하거나 감언이설에 속아 입대한 사람도 많았다. 장교들은 이들이 섬세한 정신과 지성이 없는 짐승과도 같은 욕구와 교활함에 가득 찬 거친 존재라고 생각했다. 이들이 할 수 있는 일이라곤 명령 왜곡, 불복종, 탈영, 반란, 책임 회피, 약탈, 술 주정뿐이라고 생각했다.

셋째 교육에는 한계가 있다는 당시 지도층이 갖고 있던 공통된 믿음이다. 인간은 관념과 성향, 지적 능력을 타고나기 때문에 아무리 교육을 충실히 해도 그 한계를 극복할 수 없다는 인식이었다. 당시에는 정

---

28 이보다 훨씬 더 이전에 있었던 고대 그리스의 스파르타군, 아테네군, 로마 공화정의 로마군 등은 자발적 의지를 가진 시민군이었다. 우리가 잘 알고 있는 위대한 철학자 소크라테스도 펠레폰네소스 전쟁에 세 번이나 참전했다. 따라서 이 당시의 시민군은 17~18세기의 유럽에서 복무한 일반 병사들과는 다른 시민적 소양과 교양을 가지고 있었다.

신이 육체보다 훨씬 우월하다고 생각하고 있었는데, 아무리 육체적으로 훈련을 시킨다고 해도 야수성, 미개함 등 근본적인 정신상태는 개선할 수 없다고 생각했다. 따라서 일반 병사들은 지적으로 뛰어난 능력을 갖고 있는 상관—장교—의 명령에 기계적으로 복종하도록 만드는 방법 외에 달리할 수 있는 일이 없다고 생각했다. 따라서 당시 군대는 역사상 그 어떤 군대보다 '체스 게임' 모델에 가까웠다. 지휘관이 체스판의 말을 옮기듯 연대와 중대를 이동시켰다. 하지만 체스판을 떠나는 순간 엉망이 되었다. 숲이나 늪지, 언덕 등 험지에서 복합 훈련을 실행하는 것은 거의 불가능했고, 야간이나 악천후 때도 마찬가지였다.

당시 군대의 작전 능력을 더욱 떨어뜨린 것은 탈영과 명령 불복종에 대한 두려움이었다. 지휘관들은 장교가 밀착 감시를 하지 않으면 일부 병사들이 몰래 숨거나 탈영할 것이고, 그러면 나머지 병사들도 효과적으로 움직이지 않을 것이라고 염려했다. 따라서 이들은 병사들이 험지에서 산개해서 행군하거나 싸우는 것을 꺼렸고, 정찰대와 식량 징발대 운영도 금지했다. 1707년 어떤 지휘관은 행군 중에 본대에서 100보 이상 떨어지거나 진지에서 1,000보 이상 떨어진 병사는 발견 즉시 교수형에 처하라는 명령을 내리기도 했다.

지휘관들은 병사들이 동기 부여가 되어야 용감하게 행동할 수 있다는 것을 인정하면서도 병사들의 주도권은 신뢰하지 못했다. 그 이유는 동기부여가 잘 된 병사도 독자적인 결정을 내릴 만큼 지식이 많지 않다는 믿음과, 병사들에게 일단 생각할 기회를 주면 그들의 타고난 나약함이 표면으로 떠올라 비도덕적으로 행동하게 될지도 모른다는 두려움 때문이었다. 특히 맹목적으로 명령에 복종할 때는 적진으로 용감하게 돌진하던 병사가 스스로 결정할 상황에 직면하면 탈영할 수도 있다는 두려움은 많은 지휘관에게 기존 관념을 굳히도록 했다. 당시 유럽의 군대에서는 사고思考와 자율성이 완전히 제거된 군인이야말로 완벽한 군인이었다.

프로이센을 유럽 최강의 나라로 만든 대표적 계몽군주 프리드리히 대왕(Friedrich der Große)의 다음과 같은 일화는 당시 복종과 불복종에 대해서 장교와 일반 병사에 적용하는 것에 상당한 차이가 있었음을 보여준다. 그는 장교들의 불복종은 많이 참아냈다. 즉 장교들에게는 과도할 정도로 자주권을 허용했다. 아래의 예가 대표적인 예이다.

"7년 전쟁 중이던 1758년 8월 25일, 조른도르프(Zorndorf)에서 러시아군과 맞붙은 프로이센군의 첫 번째 교전 상황은 매우 좋지 않았다. 당시 최연소 장군인 프리드리히 빌헬름 폰 자이틀리츠(Friedrich Wilhelm von Seydlitz)는 50여 개의 기병 중대 전력을 보유했지만, 그때까지 전장에 투입하지 않고 있었다. 그때 시종무관이 나타나서 왕은 지금 이 시점이 기병이 공격하기에 적절한 시점이라고 생각한다고 전했다. 그러자 자이틀리츠는 '지금은 때가 아니다'라고 대답했다. 이후 두 번이나 더 왕의 공격명령이 하달되었고, 화가 난 왕은 지금 즉시 공격하지 않으면 그의 목을 취할 것이라고 말했다. 이에 자이틀리츠는 '전투가 끝나면 내 머리를 기꺼이 전하께 내어 드릴 테니 그때까지는 내 머리는 내가 알아서 하겠다고 전해라'라고 대답하면서 공격을 하지 않았다. 그는 자신이 결심한 시점에 공격에 돌입했고, 마침내 그날의 전투를 승리로 이끌었다. 흥미롭게도 왕의 명령을 어긴 자이틀리츠에게 전승의 공로를 돌린 사람은 바로 프리드리히 대왕이었다."

반면 일반 사병들에 대해서는 과도할 정도로 복종을 강요했고 엄격하게 통제했다. 그는 "군대나 파견대를 통솔하는 장군의 가장 중요한 임무 한 가지가 사병의 탈영을 막는 것"이라고 했다. 그는 탈영을 막기 위해 지휘관들에게 다음과 같은 명령을 내렸다.

"야간 행군을 금지하라. 보병이 숲을 통과할 때는 경기병이 대열 좌우를 순찰하도록 하라. 반드시 필요한 경우가 아니면 숲이나 삼림과 너무 가까운 곳에는 진을 치지 말라. 어느 곳에 진을 치든 경기병이 순찰하도록 하라. 야간에는 충성스런 정예병들을 진영 주위에 세워 철통같이 감시하라. 어떤 경우에도 병사들이 혼자 돌아다니지 않도록 하라. 병사들이 행군 중에 대열을 이탈하지 않도록 엄중히 단속하고, 약탈하는 병사는 엄하게 처벌하라."

프리드리히 대왕은 장교에게는 과도할 정도로 자주권을 주기 위해 불복종을 용인했고, 일반 사병에게는 과도할 정도로 통제하기 위해 복종을 강요했다. 반면, 프랑스 혁명의 영향을 받은 나폴레옹의 군대는 그렇지 않았다. 나폴레옹 군대는 군인들의 지식과 지략이라는 에너지를 포용해 군대의 목표 달성에 기여할 수 있다고 믿었다. 당연히 나폴레옹 군대는 병사들을 통제하고 감시하는 데 낭비되는 힘을 훨씬 줄였고, 병사들의 주도권과 에너지를 훨씬 더 많이 활용할 수 있었다.[29] 이후 프로이센 군대가 나폴레옹 군대의 영향을 받았다는 사실은 앞서 언급한 바와 같다.

그렇다면 당시 이렇게 군대에서 강압 대신 포용을 받아들일 수 있었던 원인은 무엇이었을까? 유발 하라리는 그 원인을 낭만주의에서 비롯

---

29 프랑스 혁명 지도부는 애국적인 일반 사병을 주인공으로 삼아 대중 선전 운동을 펼쳤다. 프랑스는 병사를, 구질서의 억압된 로봇에 맞서 자유를 쟁취하기 위해 열정적으로 투쟁하는 자유로운 지식인으로 선전했다. 또한 자유인은 굽신거리는 로봇보다 전략적으로 우월하게 태어났다고 주장함으로써 사기를 진작시켰다. 프랑스는 이 전략적 우월성이 두 가지로 드러난다고 선전했다. 첫째, 자유를 수호하는 자유 군인은 돈만 주면 무슨 일이든 하는 폭군의 억압된 괴뢰군보다 훨씬 더 열정적으로 돌진한다. 둘째, 머리를 쓰는 자유 군인은 산개 대형에서 생각이 없는 적군보다 훨씬 더 전투를 잘하며, 지휘관에게 더 큰 믿음을 준다.

된 교육혁명에서 찾았다. 기존의 구체제에서 인간이라는 존재는 아무리 교육을 받아도 그 근본은 변할 수 없는 존재로 인식했던 반면, 낭만주의자들은 인간이 저마다 다른 능력을 타고난다는 생각에는 동의했지만, 모든 인간의 능력은 무한하고 헤아릴 수 없으며, 외적 경험의 도움이 없어도 이러한 능력의 씨앗들이 발아하고 성장할 수 있다고 믿었다. 이들은 누구든 계발하면 훌륭한 결과를 성취할 수 있다고 믿었으며, 냉혹한 규율과 반복적 암기를 강요하는 '기계적인' 교육 방법을 거부했다. 그 대신 이해와 자주적인 판단의 중요성을 강조했고, 학생들을 좀 더 인간적으로 대하는 것이 중요하다고 강조했다. 당시 크리스티안 나겔(Christian Nagel) 중위는 자신이 지휘한 예거(Jäger: 18세기 독일의 경보병) 중대 병사들을 훈련하고 교육시킨 방법을 언급하며, "가장 열등한 사람이라도 타오르는 불씨가 있으며, 이 불씨가 입김이나 폭풍에 의해 그의 마음에 불을 지핀다"고 기록했다.

18세기 후반부터 군대교육이 변하기 시작했고 신병훈련소가 탄생했다. 신병 대부분은 여전히 '사회 쓰레기'이지만, 이 '쓰레기'의 정신은 유연하고, 무한한 가능성의 존재였다. 열등하고 무지한 시골 아이라도 적절한 교육과 경험이 주어진다면 그에게서 얻을 수 있는 것은 무한했다. 육체적·정신적·사상적으로 제대로 교육하면 '사회 쓰레기'에게도 고결한 자질을 심어주거나 키울 수 있었다. 짐승 같은 일반 사병도 고결하고 지적인 존재로 변화시킬 수 있었다. 그리고 군대가 고결하고 지적인 존재들로 구성되면, 병사들을 일사불란하게 다루는 방법과 관련한 기본적인 문제도 전혀 새로운 방식으로 해결해야 한다고 생각했다. 한마디로 말해서 강압보다는 포용이 훨씬 효율적이며, 그렇게 되면 포악하고 어리석은 바보처럼 행동하거나 탈영하던 군인들도 독립적이고 자주적으로 행동할 수 있다는 생각이었다.

군사교육의 혁명이 이룬 첫 번째 성과가 앞에서 나겔 중위가 언급한 경보병(light infantry)이었다. 경보병이란 기동성이 높은 보병이란 의미를 내포했으며, 험지에서 산개 대형으로 작전을 펼치고 전투를 치를 수 있는 특수 보병을 의미했다. 당시 일반 보병은 전열 보병으로 전투 시 일직선으로 펼쳐서 사격을 했고, 훈련도 연병장에서 일직선으로 늘어서서 대형을 갖추고 훈련했지, 야외에서의 산개 대형은 꿈에도 생각하지 못했다. 경보병 부대는 소규모로 독립적인 무리를 지어 불규칙하게 분산된 대형으로 이동하며 전투를 수행했다. 당시 경보병 일부는 머스킷 대신 라이플 소총을 메고 다녔지만, 무기가 바뀌어 경보병의 기동성이 뛰어난 것은 아니었다. 그보다는 하급 장교와 부사관, 그리고 일반 사병 각각의 주도권과 자신감이 높아졌기 때문이었다. 이는 새로운 군사교육의 성과였다. 이들은 스스로 판단해서 표적을 정하고 장전하고 발사하는 사격훈련을 받았다. 바야흐로 생각하는 군인(일반 사병)이 탄생한 것이다.

일반 사병의 모집과 교육, 직무를 대하는 태도가 바뀐 것과 더불어 일반 사병의 대중적 이미지에도 근본적 변화가 시작됐다. 오스트리아 왕위 계승 전쟁(1740~1748)[30]이 영국의 패배로 끝나자, 반대파인 휘그 당원들은 군과 경찰의 고위층이 무능하다고 맹렬히 비난하며 패배의 책임을 물었다. 동시에 이들은 일반 사병들이 용감하고 충실하게 임무를 수행했다고 극구 칭찬했다. 이후 일반 사병에 대한 비난은 거의 신성모독에 가까웠고, 패배한 책임은 늘 지휘관의 몫이었다. 부대가 잘못된 행동을 해도 비난의 화살은 지휘관을 향했다. 교육은 전지전능하므로 군인들이 악행을 저지르는 것은 지휘관이 그들을 제대로 교육하지 못한 탓이라는 것이었다.[31]

일반 사병의 역할과 능력을 더욱 긍정적으로 평가하는 사례는 무수히 많아졌다. 그때까지 장교와 귀족의 몫이었던 군장軍葬의 예우와 훈장을 일반 사병들도 받기 시작했다. 군인들이 진급할 수 있는 새로운 길이 열렸고, 일반 사병에서 출발해 상급 지휘관으로 진급하는 군인들도 점점 더 늘어났다. 실제 진급은 무척 힘들어 최정상까지 오른 사람

---

30 오스트리아 합스부르크가의 마리아 테레지아가 왕위를 계승하는 문제를 놓고, 당시 여자는 왕위 계승을 금지한다는 '살리카 법'을 근거로 찬성과 반대를 하는 각국이 개입한 전쟁임. 이 결과 마리아 테레지아의 왕위 계승권은 승인되었으나, 프로이센이 유럽의 강대국으로 부상하면서, 슐레지엔 영유권이 인정되어 향후 7년 전쟁의 원인이 되었다.

31 1945년 필리핀 전역이 종료된 후 일본의 야마시타 대장은 휘하 부하들이 전쟁포로와 민간인에게 가한 살인과 폭력 행위에 대해 법정에 서게 되었다. 야마시타는 변호인을 통해 휘하 부대를 통제할 수 있는 입장이 전혀 아니었다고 주장했다. 즉 미군의 성공적인 공격으로 인해 통신 및 지휘 구조가 와해되면서 퇴각 당시 북부 루손의 산악지역으로 인솔해 간 일부 부대에 대해서만 효과적으로 통제할 수 있었는데, 이들의 경우 잔혹 행위를 전혀 하지 않았다고 주장했다. 그러나 법정은 야마시타의 주장을 받아들이지 않고 그에게 사형을 언도했다. 법정은 야마시타에게 엄격한 책임을 적용했다.

은 드물었지만, 성공한 사람들은 이상적인 모범으로 존경받았고, 일반 사병들은 미래의 대장으로 간주되며 사회적 지위도 급격히 상승했다.

근대 후기 산업자본주의 시대에는 노동자 집단이 유례없이 소외되었다. 가내 수공업이 주류를 이루었던 근대 초기에 구두 제작 노동자는 신발을 만들기 위해 개인적인 주도권과 독창성, 개인의 솜씨를 마음껏 발휘할 수 있었던 반면, 기계의 등장으로 대량생산 체제가 도입된 이후 신발공장의 노동자는 독창성을 상실하고 정해진 대로만 기계를 작동하도록 요구받았다.

시민 노동자 집단이 이렇게 거대한 산업기계의 톱니바퀴가 되어가던 그 순간에 군인―일반 사병―들은 정반대의 방향으로 흘러가 독립적으로 생각하고 판단하는 '생각하는 군인'이 되어 가고 있었다. 급기야 20세기 후반에는 무기력한 노동에서 탈출해 개인의 잠재력을 탐구하고 성장시킬 수 있는, 기회의 장이 되어가고 있었다. 이것을 극명하게 보여주는 것이 1981~2001년에 미국에서 사용된 신병 모집 슬로건이다. "될 수 있는 모든 것이 되어라(Be All You Can Be)!" 이 슬로건이 전하는 메시지는 이것이다. "군대는 잠자고 있는 너의 잠재력을 깨워, 너를 성장시킬 것이며, 네가 할 수 있는 모든 것을 제공한다."

오늘날 흔히 사용하는 말 중에 '전략적 상병'이라는 말이 있다. '전략적 상병'은 외딴 전초기지에서 몇 시간 안에 세계적인 톱뉴스가 될 결정을 내릴 수 있는 상병을 말한다. 전쟁은 예상치 못한 곳에서 예상치 못한 방법으로 순식간에 발화될 수 있다. 과학기술의 발전은 복잡한 전쟁을 더욱 복잡하게 만들 뿐만 아니라, 최전선의 상황을 실시간으로 백악관이나 청와대와 소통할 수 있다. 현장에 있는 상병의 판단이 향후 결정되는 전략의 방향을 결정할 수도 있다. 현장에서 복무하는 이 상병에게 그가 단지 징집병으로 복무하고 있고, 계급이 상병이라는 이유만으로 무조건 복종과 맹목적 순종만을 요구할 수 있을까?

주군과 배신자

주군(主君)이라는 용어는 나라의 우두머리를 호칭할 때 사용하는 말이다. 그러나 이 용어는 현대 한국 사회에서는 잘 사용하지 않고, 사극을 통해 많이 듣게 된다. 보통 나라를 세우는 과정에서 그들의 우두머리를 부를 때 사용하며, 우두머리가 나라를 건국하게 되면 폐하, 전하, 황상 등의 용어로 바꿔쓴다. 그러나 그 우두머리와 아주 가까운 사람들은 건국 후에도 주군이라는 호칭을 많이 사용하는데 이는 그들이 건국의 주체 세력임을 과시하고 그들 간의 친밀감을 과시하는 것이라 볼 수 있을 것이다. 사극에서나 들을 수 있는 이런 용어를 현대 한국 사회에서도 쓰는 곳이 있는데 정계와 재계다. 이곳에서는 정치인이나 대기업의 측근들이, 자신이 모시고 있는 거물 정치인이나 대기업 총수를 부를 때 주군이라고 지칭하기도 한다.

그들이 공식적인 직함을 마다하고 주군이라 부르는 이유는 무엇일까? 나는 두 가지 이유가 있다고 생각한다. 첫째는 '당신은 나의 주인이고 나는 종'이라는 의미이다. 주인은 나에 대해 무엇이든 마음대로 할 수 있고, 나는 주인의 명령에 무조건 복종해야 한다. 종의 미덕은 순종이기 때문이다. 종은 주인을 위해 온몸을 바치며 주인보다 앞서거나 더 나아지려 하지 않는다. 주인을 위해 목숨을 바치는 것이 명예로운 죽음이다. 두 번째 의미는, '나는 결코 배신하지 않는다'는 의미이다. 한번 충성을 맹세했기 때문에, 다른 주군을 섬기지 않고 당신만을 섬기며 주군이 어떤 길을 가든 나 또한 주군과 함께하겠다는 의미이다.

주변의 상황이 바뀜에 따라 언제든 마음을 바꿔 먹고, 내가 언제 그랬더냐는 식의 행동을 일삼는 현대인들을 보면 이런 식의 인간관계가 위대해 보이기도 한다. 그러나 이는 어디까지나 인간적인 의미에서만 그렇다. 나 또한 인간적으로는 이런 인간관계를 맺고 싶다. 그러나 이는 사적인 관계로 한정할 때만 그 의미가 있다. 공적인 영역에서 이런 주인과 종의 관계는 대의를 저버리고 공적 영역을 좀먹게 한다. 현대 사회에서 국가는 어느 일개 군주 또는 대통령 개인의 소유물이 아니고, 기업 또한 창업주 혼자의 사유물이 아닌, 주주 전체와 그 기업을 있게 한 사회적 노력의 산물이기도 하기 때문이다.

일반적으로 배신이란 어떤 대상에 대하여 믿음과 의리를 저버리는 것을 말한다. 따라서 정상적인 인간관계에 있어서는 먼저 믿음과 의리를 저버리는 사람이 배신자가 된다. 그러나 주인과 종과의 관계에 있어서는 배신의 기준이 늘 주인에게 있기 마련이다. 다시 말해 주인에게 배신이라는 단어는 붙일 수 없고, 오직 종만이 배신을 하느냐 하지 않느냐가 되는 것이다. 왜냐하면 주인이 어떤 선택을 하든, 종은 당연히 주인을 따라야 하기 때문이다. 양반집 식솔로 있는 노비나 호족이 고용한 사병 집단이 이런 관계일 것이다. 그들은 주인이 반란을 일으키면 함께 반란에 동참하는 것을 자신의 도리로 알고, 우리 또한 주인과 함께 죽음까지도 받아들이는 종을 충성스러운 종으로 생각한다.

그러나 오늘날 현대 사회에 이런 관계는 없다. 더구나 현대의 군인들이 존재할 수 있도록 기반을 제공하고 급여를 주는 주체는 대통령이나 상급자가 아니라, 세금을 내는 국민이다. 그렇기에 대통령이나 상급자에게 충성을 하는 것이 아니라, 국민에게 충성해야 하는 것은 너무나 당연하다. 눈에 보이지 않는 추상적 존재인 국민의 존재를 대신하고, 국민의 명령을 대신하는 것이 바로 헌법이다. 이때 배신의 기준은 당연히 헌법이 된다. 따라서 헌법의 기준을 먼저 저버리는 쪽이 배신자가 된다. 이 말은 대통령이나 상급자도 헌법적 기준을 저버리면 배신자가 될 수 있다는 말과 같다.

다시 2020년 미국의 상황으로 돌아가 보자. 조지 플로이드 사건 당시 군대를 동원하라는 지시를 한 트럼프 대통령과 이에 항명한 에스퍼 국방부 장관 그리고 밀리 합참의장 중에 배신자는 누구인가? 당연히 트럼프이다. 트럼프의 지시는 미국의 헌법적 가치에 반하는 지시였고, 에스퍼 장관과 밀리 의장의 항명은 헌법적 가치에 부합하기 때문이다. 그것은 트럼프가 그 당시 대통령이라는 직책에 있었고, 2025년 현재도 재선이 되어 대통령의 직위에 있다고 해서 바뀌는 것이 아니다.

그렇다면 2024년 12월 3일, 대한민국 국회에 군대를 투입하라는 지시를 한 대통령과 국방부 장관, 그리고 그들의 지시에 따르지 않은 일부 군인들 중에 배신자는 누구인가? 당연히 대통령과 국방부 장관이다. 이는 대한민국 헌법재판소에서 이미 판결을 내린 바이다. 그런데 아직도 우리 사회의 일부 퇴역 군인들은 오히려 대통령의 명령을 따르지 않은 사람들을 배신자라는 억지 프레임을 씌우고 있다. 마치 과거 주인과 종의 관계에서 자신들은 영원한 주인이기에 종들은 무조건 자신들의 명령을 따라야만 하는 것처럼 생각한다. 지금 대한민국 국민에게 그렇게 영원히 따라야 할 특정 인물, 특정 직책은 존재하지 않는다. 오로지 존재하는 것은 헌법적 가치일 뿐이다. 윤석열 대통령과 김용현 국방부 장관 그리고 이에 동조한 일부 군인, 그들이 헌법적 가치를 훼손하고 국민의 믿음을 저버린 배신자이다.

제9장

법이 말하는
복종과 불복종

우리가 군인을 적어도 '도덕적 행위자(Moral agent)'로 간주하는 한, 그의 책임
은 직책보다는 그의 행위 자체에서 기인한다. 군인은 단순한 도구가 아니다. 무
기와 군인의 관계와 군인과 군의 관계는 다르다. 즉 무기는 군인의 단순한 도구
인 반면, 군인은 군의 단순한 도구가 아니다. 살상 여부를 선택하고, 상대방에
게 위기를 강요할 것인지 아니면 스스로 위기를 감수할 것인지를 선택할 수 있
다는 점에서 국민은 군인들에게 책임 있는 행동을 하라고 요구할 수 있다.

"우정이 잘못된 친구들에 의해 교묘히 이용될 수 있음에도 불구하고 우리는 우정이란 개념을 버리지 않는다. 마찬가지로 '정당한 전쟁' 이론이 잘못 사용되는 경우가 있다고 할지라도 이 이론을 포기하지 않는 것이 중요한 의미가 있다. '정당한 전쟁' 이론의 요지는 사리를 분별하고, 정치적으로 의사를 결정하거나 특정 전쟁 내지는 전시 결정을 비판 또는 지원하는 등 보다 일상적인 일을 준비하는 과정에서 이 이론이 도움이 돼야 한다는 점이다. 나는 여기서 두 가지 금언을 강조하고자 한다. 첫째는 전쟁은 정치, 경제, 외교 등 국력의 여타 수단들이 위력을 발휘하지 못하는 순간에 사용돼야 한다는 것으로 전쟁이 최후의 수단이 돼야 한다는 점이다. 둘째는 전쟁에서 군인과 민간인이 입게 될 희생은 추구하는 전쟁 목표의 의미와 비교해 커서는 안 된다는 점이다."

- 마이클 월저(Michael Walzer), 『마르스의 두 얼굴』 중에서 -

"모든 국가를 초월하는 절대적인 권력이 존재하지 않는 국제관계에서 전쟁법은 무의미하며, 오로지 승리만이 우리가 추구해야 할 최고의 가치이다", "인류의 역사는 승자의 기록이다"라는 주장을 옹호하는 사람들은 "전시에는 법이 침묵을 지킨다"라는 격언을 당연히 옹호할 것이다. 그러나 『마르스의 두 얼굴』의 저자인 미국의 정치철학자 마이클 월저는 단연코 아니라고 말한다. 그러면서 이를 옹호하는 위 격언은 옳지 못한 사람들을 변호할 때 사용된다고 말한다. 나 또한 월저의 의견에 전적으로 동의한다.

일반적으로 사람들은 비합법적인 행위를 할 때 법에 침묵을 요구한다. 어떤 행위의 정당성 내지 필연성 여부는 통상적으로 회고적이다. 즉, 그 판단의 주체는 행위의 한가운데 있는 현재의 사람들이 아니고, 후에 판단하는 역사가들의 몫이다. 최근 대한민국에서는 법의 침묵을 넘어 한발 더 나아가서 법원의 판결이 잘못되었다고 지적하며 법원에 폭력을 동원하는 극단적인 행동까지 보이기도 한다. 나는 법의 무결성을 주장하는 것이 아니다. "법은 최소한의 도덕"이라는 것이 나의 생각이다. 또한 법원의 판결이 다 옳다고도 생각하지 않는다. 그러나 그럼에도 불구하고 법원의 판결은 존중해야 한다. 법원의 판결이 옳지 않거나 혹은 마음에 들지 않는다고 하더라도 일단 승복해야 하고, 그 부족한 부분은 새로운 입법이라는 정상적인 과정을 통해 개선되어야 한다. 아테네의 법이 자신을 죽음으로 몰아세웠음에도 불구하고, "악법도 법이다"라는 말을 남기며 죽어간 소크라테스를 존경해야 하는 이유이다. 지금 대한민국에서 일어나고 있는 이 상황 또한 역사는 기록하고 판단할 것이다.

전쟁터에서는 인간이 생각할 수도 없는 가장 잔혹한 형태의 살인이 벌어진다. 그런데 그 가혹함의 피해자는 폭력을 다루고 있는 사람들이 아니라, 아무런 죄도, 아무런 원인도 제공하지 않은 평범한 사람이 될 수도 있다는 것이 전쟁의 가장 큰 비극이다. 이런 비극적 전쟁의 실태를 잘 알면서도 그 전쟁을 없애지 못하고 군인들을 필요로 한다는 사실 또한 비극이다. 그래서 4세기 로마의 군사 저술가였던 베게티우스(Publius Flavius Vegetius Renatus)는 "평화를 원하거든 전쟁에 대비하라"고 말했다.

어쨌든 현실적으로 군인은 필요하고, 군인은 전쟁을 위해 존재한다. 그러나 군인이 존재하는 목적은 전쟁 자체가 아니라, 전쟁을 예방하고, 전쟁이 발생한다면 적의 침략에 대응하기 위해서이다. 이것이 모든 사람이 전쟁법에 침묵을 강요하더라도 군인만큼은 전쟁으로 인한 잔혹성과 부정의에 따른 위험을 인식하고 그 피해를 최소화하기 위해 노력해야 하는 이유이다. 이는 군복을 입고 있는 모든 군인이 반드시 지켜야 할 인류에 대한 숭고한 의무이다. 징병제에 의해 자신의 의지와는 무관하게 군복을 입었다고 해서 이 의무가 면제되는 것은 아니다.

전쟁터에는 불쌍한 피해자도 있지만 가혹한 가해자도 있다. 그리고 그 전쟁을 유발한 사람도 있다. 화재 사고의 최초 발화자가 전쟁을 유발한 사람이라면 타오르는 불길에 휘발유를 부은 사람은 더 흉악한 가해자이다. 전쟁법이 존재하는 이유는 그들을 찾아내서 단죄하기 위함이다. 오늘날 국제법에서는 전쟁을 유발한 행위를 '침략'이라는 범죄로 부르고 있으며, 이런 행위를 한 사람을 '전쟁범죄자'라 칭한다. 대한민국도 당연히 국제법을 준수한다. 〈군인의 지위 및 복무에 관한 기본법〉 제34조 전쟁법의 준수 의무 ①항에는 "대한민국이 당사자로 가입한 조약과 일반적으로 승인된 국제법규(이하 전쟁법이라 한다)를 준수하여야 한다"고 규정되어 있다. 그리고 ②항은 "군인은 전쟁법을 숙지하여야 하며, 국방부 장관은 대통령령으로 정하는 바에 따라 군인에게 전쟁법에 대한 교육을 실시하여야 한다"라고 명시하고 있다.

전쟁규약(War convention)은 적대행위의 수행과 관련된 교전국, 군의 지휘관 및 개개 군인들의 의무 설정을 목적으로 하고 있다. 전쟁법과 규약에 따라 전투를 수행하는 군인은 범죄자가 아니며, 이들이 상대 군인을 사살한다고 해서 이들을 비난할 수 있는 근거는 어디에도 없다. 전쟁규약에는 무고한 사람을 살해하기보다는 스스로 모험을 감수하라고 병사들에게 요구하고 있다. 여기서의 규칙은 엄격한데, 이는 적과 대적할 때 자신을 보호해야 한다는 점이 전쟁 규칙을 위배하기 위한 명분이 될 수 없다는 점이다. 즉 자신을 보호할 목적으로 전쟁 규칙을 위배할 수 없다는 점이다. 여객선의 승무원과 고객의 관계는 군인과 민간인의 관계와 동일하다. 위기 시에 여객선의 승무원이 고객을 위해 목숨을 바쳐야 하는 것과 마찬가지로 군인은 민간인을 위해 자신의 목숨을 바쳐야 한다. 풀어서 설명하면, 군인의 경우 무고한 사람을 희생시켜 가며 자신의 안전을 확보해서는 안 된다는 점이다. 이것은 징집된 병사도 마찬가지이다.

우리가 군인을 적어도 '도덕적 행위자(Moral agent)'[32]로 간주하는 한 그의 책임은 직책보다는 그의 행위 자체에서 기인한다. 군인은 단순한 도구가 아니다. 무기와 군인의 관계와 군인과 군의 관계는 다르다. 즉 무기는 군인의 단순한 도구인 반면, 군인은 군의 단순한 도구가 아니다.[33] 살상 여부를 선택하고, 상대방에게 위기를 강요할 것인지 아니면 스스로 위기를 감수할 것인지를 선택할 수 있다는 점에서 국민은 군인들에게 책임 있는 행동을 하라고 요구할 수 있다.

제2차 세계대전이 한창이던 1942년 12월 17일, 미국, 영국 및 소련의 지도자들은 유럽계 유대인들의 대량 학살을 인지하고 이러한 범죄 책임자들을 기소할 뜻을 확실히 밝혔다. 일부 정치적 리더들은 재판 대신 즉결 처형을 주장하기도 했지만, 결국 연합국들은 국제군사법정을 개최하기로 한다. 그리고 1943년 10월, 미국 대통령 프랭클린 루즈벨트, 영국 총리 윈스턴 처칠, 소련 지도자 이오시프 스탈린 등은 모스크바 선언문에 서명했다. 이 선언문은 휴전 시점을 기준으로 전쟁범죄에 대한 책임이 있는 것으로 판단되는 사람은 범죄를 저지른 국가로 보내져 해당 국가의 법에 따라 재판을 받을 것임을 명시하고 있었다.

---

32 도덕적 행위자는 결심 또는 행동과 관련해 책임을 지울 수 있는 대상을 의미한다. 권리와 책임이 있는 대상이 도덕적 행위자다. 왜냐하면 도덕적 행위자는 선택하도록 할 수 있으며, 선택할 능력이 있는 대상이기 때문이다.

33 마이클 월저, 『마르스의 두 얼굴』, 연경문화사, 2007, 591쪽.

1945년 독일의 뉘른베르크에서 열린 국제군사재판에 참석한 재판관들의 모습. 24명의 피고 중 그 전에 자살한 3명을 제외한 21명 중 12명은 사형을 선고받고 교수형에 처해진 후 소각되어 이제르강에 뿌려졌으며, 3명은 종신형을, 4명은 징역 10년에서 20년 형을, 3명은 무죄 선고를 받았다. 〈사진 출처: WIKIMEDIA COMMONS | Public Domain〉

  이렇게 해서 국제군사법정(International Militaly Tribunal)이 소집되고, 이 재판에 회부된 독일군의 주요 군사령관들에 대한 재판이 1945년 11월 20일 뉘른베르크에서 개최되었다. 최종적으로 24명의 피고가 재판을 받았는데, 아돌프 히틀러, 하인리히 히믈러(Heinrich Luitpold

Himmler), 요제프 괴벨스(Paul Joseph Goebbels) 등 3명은 재판에 서지 않았다. 그들은 그 전에 자살했기 때문이다. 21명 중 12명은 사형을 선고받고 교수형에 처해진 후 소각되어 이제르Iser 강에 뿌려졌으며, 3명은 종신형을, 4명은 징역 10년에서 20년 형을, 3명은 무죄 선고를 받았다.

베트남전이 한창이던 1968년 3월 16일 베트남의 미라이(My Lai)에서 미군들에 의해 저질러진 민간인 학살 사건을 우리는 잘 알고 있다. 이 학살로 비무장 상태의 민간인들이 347명(미군 측 집계)에서 504명(베트남 측 집계)이 희생되었으며, 희생자의 대다수는 여성, 어린이 그리고 아기 등 비전투원이었다. 당시 미군 측의 변호인은 적대행위를 한 베트콩이 민간인들 사이로 숨어들었고 또 일부는 민간인 복장을 하고 있었기 때문에 어쩔 수 없었다고 말했다.

그러나 이런 민간인 학살과 미군들이 말하는 게릴라전은 다르다. 그리고 현장에 있었던 미군들도 이 차이점을 잘 알고 있었다는 증거는 많다. 왜냐하면 이 중 몇 명은 사살을 거부하기도 했고, 수차례나 명령을 들은 다음에야 마지못해 명령을 시행하거나 현장을 이탈했고, 어떤 병사는 현장에 가담하지 않기 위해 자신의 발등에 총을 발사하기도 했다. 그리고 육군 항공대의 헬기 조종사는 민간인을 구하기 위해 노력하기도 했다.

당시 가해 군인들은 치열한 전투 현장이었고, 두려움과 전쟁의 열기로 인해 흥분된 상태였기 때문에 어쩔 수 없다고도 항변했다. 그러나

19668년 3월 16일 미라이 학살 사건에서 살해되기 전 신원이 확인되지 않은 베트남 여성과 어린이들. 이 사진 촬영 직후 이들은 사망했다. 베트남의 미라이에서 미군들에 의해 저질러진 민간인 학살 사건으로 비무장 상태의 민간인들이 347명(미군 측 집계)에서 504명(베트남 측 집계)이 희생되었으며, 희생자의 대다수는 여성, 어린이 그리고 아기 등 비전투원이었다. 〈사진 출처: WIKIMEDIA COMMONS | Public Domain〉

복종과 불복종

그들은 자유로운 의사 선택에 의해 조직적으로 학살을 감행한 것으로 밝혀졌다. 재판에서는 직접적인 명령을 내린 윌리엄 캘리 중위만 유죄 판결을 받았고, 일반 병사들은 처벌을 받지 않았다. 그러나 재판 결과가 그렇다고 해서 가해 병사들에게 죄가 없다는 것은 아니다. 일반적으로 무지는 평범한 병사들에게서 공통적으로 목격되는 현상이다. 자신이 가담하고 있는 전투 현장이 전승에 진정 요구되는 부분인지, 뜻하지 않은 민간인 살상이 전쟁을 승리로 이끌기 위해 수용 가능한 수준인지에 관해 자신은 알지 못하며, 혹은 알고 있으면서도 알지 못한다고 말할 수도 있다. 포위 공격의 수행 내지는 대 게릴라 전투에서 각개 병사의 제한된 시각에서는 인권의 위배 사항이 보이지 않을 수도 있다. 멀리 있는 표적에 포를 발사하는 포병과 조종사들의 경우는 종종 자신이 직접 공격하는 표적에 대해 모를 수 있다. 자신의 표적에 대해 상급자에게 질문하면, 상급자는 합법적인 형태의 군사적 목표라고 말할 것이다. 이 경우 포병이나 조종사는 상급자를 믿고 사격을 할 것이고 이에 대해서는 문제를 제기할 수 없다.

그러나 이 경우 포병이나 조종사는 자신의 표적에 대해 질문을 해야 하고, 자신이 조준하고 있는 표적의 정당성에 대해서 의문을 제기해야 한다. 여기서 징병으로 징집된 일반 병사는 신분이 낮고, 상황을 잘 모른다는 무지가 모든 것을 면책해 주는 것이 아님을 알 수 있다. 평범한 병사들의 무지에도 나름의 한계가 있다. 미라이의 사례에서 일반 병사들이 유죄로 인정되지 않았다고 해서 그들이 도덕적·윤리적으로까지 정당한 행위를 한 것은 아니다. 몇십 년이 지난 현재, 미국의 일반 시민들을 비롯해 많은 나라의 사람들이 '그 군인들이 캘리 중위의 명령에 복종하지 않았더라면……' 하고 바라는 것이 이를 증명한다. 당시 일반 병사들은 유죄 판결을 받지 않았지만, 재판에 참석했던 미 육군의 판사는 "평범한 상식과 이해력이 있는 사람이 해당 상황에서 불법이라고 알고 있는 명령을 받은 경우, 군인들이 명령에 복종하지 않기를 우리는 바라고 있다"고 말했다.

SNS상의 어떤 논객은 이 재판 결과를 사례로 들면서, "캘리 중위의 명령에 따른 일반 병사들은 잘못이 없다. 법정에서 일반 병사들에게 죄를 묻지 않은 것은 군인에게 있어 명령에 대한 복종은 절대적인 것이기 때문에, 설사 캘리 중위의 명령이 모두가 받아들일 수 있는 명령이 아닐지라도 부하들은 이를 따라야 하고, 따라서 일반 병사들에게 죄를 물을 수 없다는 것을 법정에서 인정한 것이다. 이것은 군에서 복종으로 인해 발생하는 이익이 불복종으로 인해 발생하는 손해보다 크기 때문이다"라고 말하면서 군인은 일단 상급자의 명령을 따라야 한다고 주장한다. 그러면서, 12월 3일 계엄 지시는 군 최고 통수권자인 대통령이 발령한 것이기 때문에 군인은 옳고 그름을 따지기 이전에 명령을 따라야 하며, 특히 정치적 결단에 대한 평가는 군인이 판단해야 할 분야가 아니라고 말한다. 이는 당시 방첩사령관이 "당시는 위기 상황이었다. 군인은 옳고 그름을 따지지 말고 명령에 따라야 한다"고 언급한 내용과 동일했고, 이를 옹호한 발언이었다. 이러한 발언에 많은 사람들이 동의했고, 페이스북에서 어떤 인물은 "군인이 명령을 판단한다고? 군인은 죽음을 감수해야 하는데? X 같은 군인이었군!"이라고 비판하기도 했다.

과연 그럴까? 군인은 명령을 판단하면 안 되는 것일까? 군인에게 있어 명령은 당연히 복종을 전제로 한다. 그리고 이것은 군대라는 조직이 존재하는 한 진리이다. 그럼에도 불구하고 왜 우리는 불복종을 이야기해야만 할까? 그것은 앞서 언급했던 하워드 진의 말 "역사적으로 전쟁, 집단학살, 노예제도 같은 가장 끔찍한 일들은 불복종 때문에 생긴 것이 아니라 복종 때문에 일어났다"라는 말과, 영국의 철학자 칼 포퍼가 "지상에 천국을 건설하겠다는 시도가 늘 지옥을 만들어 낸다"라고 한 말에서 알 수 있다.

인간은 그가 아무리 천재이고, 청렴결백하다고 하더라도 완벽하지 않다. 그것은 오늘날의 대통령이나 최고 지휘관이라고 해도 마찬가지이다. 일반인들은 상상조차 할 수 없는 절대적 권력을 갖고 있는 이들의 판단 실수는 한 사회와 국가를 넘어 인류 전체에 재앙이 될 수도 있다. 플라톤과 같은 현인(철인)이 통치하는 이데아적 세계를 꿈꾸었던 히틀러, 토머스 모어의 유토피아를 건설하려고 했던 마르크스와 레닌, 그리고 스탈린의 존재는 이런 생각—의도는 순수했을지 몰라도 그 결과는 지옥을 만들어냈다 들이 결코 상상이 아니라는 것을 역사는 증명하고 있다. 그래서 인간에게 선별적 복종, 즉 정의롭지 않은 상황에서는 불복종이 필요한 것이다.

〈대한민국 군인의 지위 및 복무에 관한 기본법〉 제24조(명령 발령자의 의무)에 "군인은 직무와 관계가 없거나 법규 및 상관의 직무상 명령에 반하는 사항 또는 자신의 권한 밖의 사항에 관하여 명령을 발하여서는 아니 된다"라고 명시하고 있으며, 제25조(명령 복종의 의무)에는 "군인은 직무를 수행할 때 상관의 직무상 명령에 복종하여야 한다"라고 명시하고 있다. 군대에서 상관이라면 나보다 계급이 높은 사람을 의미하는데 그렇다면 나보다 군 경험도 많을 것이고 현명한 사람일 텐데 왜 복종해야 할 명령에 조건이 붙는 것일까? 그냥 단순하게 복종하면 될 것을? 대한민국에서는 직무와의 관계, 법규와의 관계, 명령을 내리는 사람보다 더 높은 상관과의 관계, 권한과의 관계 등 네 가지 요건을 충족할 경우에만 그 명령의 법적 효력을 인정하고 있다. 즉 직무와 관련된 명령이어야 하고, 적법해야 하며, 더 높은 상관의 명령에 반하지 않아야 하며, 자신의 권한 내에 있는 명령만 유효한 것이다. 이것은 명령을 내리는 사람도 완벽한 인간이 아니기 때문에 여러 가지 안전장치를 마련해 놓은 것이라고 볼 수 있다.

그렇다면 만약 상관이 이 조건을 어기고 적법하지 않은 명령을 내렸을 경우 이 명령을 지시받은 부하들은 이 명령이 적법한지 여부를 생각하지 말아야 할까? 무조건 따라야 할까? 인간은 생각하는 동물이다. 생각이 나는데 어떻게 생각하지 않을 수 있을까? 군인이라고 해서 로봇처럼 생각하지 말아야 할까? 정상적인 교육을 받은 정상적인 인간은 비록 군복을 입었다고 해도 상관의 명령이 정당한지 정당하지 않은지는 특별한 상황이 아니고서는 직감적으로 느낄 수 있다. 판단이 아니고 느낌이다. 그리고 본인이 그렇게 느낀다면 주변 동료들에게 이야기할 수도 있다. 너는 어떻게 생각하느냐고? 뭔가 이상하지 않으냐고? 이것마저도 부정해야 하는 것이 대한민국 군대라면 현대의 군대가 아니다. 그런 군대는 중세 절대 군주 치하 또는 조선 시대 이전의 군대이다.

군인이 법규를 위반했을 경우 형사처벌의 기준이 되는 〈군형법〉 제44조(항명) 부분에서는 "상관의 정당한 명령에 반항하거나 복종하지 아니한 사람"이라고 명시하고 있다. 왜 〈군형법〉에서는 구체적 명령의 단서를 언급하지 않고, 포괄적인 "정당한"이라는 용어를 사용했을까? 결론적으로 나는 "정당한"이라는 표현이 옳다고 생각한다. 왜냐하면 "정당한"이라는 표현이 〈복무 기본법〉에서 말하는 네 가지 요건, 즉 직무 관련성, 적법성, 상관의 명령에 반하지 않는 명령, 권한 내의 사항 모두를 함축하고 있는 포괄적이고 보편적인 개념이면서도 오히려 기준이 명확해서 실제 생활의 적용에도 수월하다고 생각하기 때문이다.

이번 12월 3일의 계엄 사태와 관련해서도 그렇다. 계엄을 옹호하는 사람들은 군인이 어떻게 상관의 명령이 정당한지 정당하지 않은지를 판단할 수 있는지를 반문하면서 군인은 그 정당성을 판단해서는 안 된다고 말한다. 신속하고 즉각적인 복종만이 군인의 가치라고 말한다. 군인이 상관의 명령에 대한 정당성을 판단하기 시작하면 삶과 죽음이 오가는 전쟁터에서 각자 자기 생각에 따라 행동하게 되어 그 결과 군대가 오합지졸이 될 수 있음을 경계하는 주장일 것이다. 또한 죽을 줄 뻔히 알면서도 적진 앞으로 돌격해야 하는데, 각자가 생각을 하면 모두 도망가게 될 것이라고 생각하기 때문일 것이다. 과연 그럴까?

대부분 일반인도 알고 있다시피 프랑스 혁명 이전의 전투는 양측의 군대가 넓게 펼쳐진 평야에서 서로 진을 짜고 전투를 했다. 최고 지휘관은 체스판의 체스를 유리한 장소로 옮기는 체스 선수였고, 각개 병사들은 체스판의 말이었다. 당시 병사들은 지휘관의 명령 없이는 단 한 걸음도 자신의 의지대로 움직일 수 없었고, 단 한 발의 총알도 발사할 수 없었다. 오직 지휘관의 명령에 의해 앞으로 전진 또는 후진 등 전체 부대와 함께 이동했고, 명령에 의해 통제된 사격을 해야만 했다. 병사들을 그렇게 통제한 이유는 앞에서도 언급했듯이 각개 병사들을 믿을 수 없었기 때문이었다. 병사들이 흩어져 전투를 하게 되면 적과 싸우기보다는 도망가거나 병영에서 이탈할 것을 더 우려했기 때문이었다.

그러나 오늘날 세계 어느 나라 군대라 할지라도 전투 시에 산개 대형을 취하지 않는 군대는 없다. 현재의 군인은 생각하는 군인이기 때문이다. 자신이 판단하기에 가장 안전한 은폐 엄폐물을 찾아가서 몸을 숨기고, 적을 사격하기에 가장 좋은 곳을 찾아가서 사격을 한다. 왜? 그 병사가 아무리 최하급 제대에 복무하는 말단 병사라 할지라도 생각하는 군인이기 때문이다. 그렇다면 현대의 군인은 왜 도망가거나 탈영하지 않는 것일까? 각자가 자신의 안전을 생각하고 있는데? 그것은 현대의 군인들은 각자가 스스로 자신의 가치를 위해 총을 잡았기 때문이다. 내가 총을 잡고 빗발치는 포화 속에서 싸워야만 내 가족과 내 친구들 그리고 그들의 평화로운 삶이 보장된다는 것을 알기 때문이다. 내가 적진 앞으로 돌격하는 것은 나의 상관이 내가 거부하면 나를 항명죄로 처벌할 것이라는 공포심 때문이 아니라, 나의 상관도 나와 같은 생각으로 조국을 위해 총을 든 사람이며 나는 그의 명령을 따를 때 내가 가장 안전하고, 우리 부대가 승리할 것이라는 신뢰가 있기 때문이다. 또한 나만 살기 위해 전장에서 이탈하게 되면 대한민국 국민으로서 국방의 의무를 다하지 못한다는 치욕감과 겁쟁이라는 비난 속에서 살아야 하며 지고한 나의 자존감을 허물기 때문이다.

이런 내적 가치와 감정은 로봇에게서는 기대할 수 없는 인간만의 특징이다. 특히 생각하는 인간만이 가질 수 있는 장점이다. 간혹 전쟁의 공포를 극복하지 못하고 도망가는 병사들이 있을 수도 있다. 그러나 그런 병사를 통제하기 위해 복종을 강요하는 이점보다는 자율성을 인정하여 애국심으로 무장한 창의적 전투의 이점이 훨씬 크기 때문에 나는 복종을 강요하지 않고, 부하들 스스로의 신념에 의해 복종하는 자발적 복종을 가치 있게 본다. 현대의 군대는 상관이라고 해서 정의롭지 않은 행위를 강압적으로 지시해서 효과를 얻을 수 있는 시대가 아니다. 시대가 변했고, 인간들의 생각도 변했다. 상관의 명령이 정당한 명령인지 아닌지는 부하들이 감각적이고 상식적으로 판단하게 된다.

12월 3일, 하급제대의 간부일수록 적극적으로 참여하지 않은 이유가 바로 이것이다. 뭔가 이상한 명령이었고, 정당성이 없어 보였기 때문이다. '정당하다'의 사전적 정의는 '바를 정(正)'과 '마땅할 당(當)'이 만나서 '이치에 맞아 올바르고 마땅하다'는 뜻이다. 그리고 '정당하다'는 어떤 행위나 일이 이치에 맞고 올바를 뿐 아니라 바르고 정의롭다는 의미가 내포돼 있다.

어떤 명령이 현행법에 적법한지 아닌지는 구체적인 법 조항을 들여다봐야 하지만, 위 정의가 의미하는 대로 정당한지 아닌지는 건전한 상식으로 더 쉽게 판단할 수 있다. 즉 12월 3일 대통령의 명령이 당시 상황에서 적법인지, 불법인지를 판단하는 것은 쉽지 않다. 왜냐하면 군인은 법률 전문가가 아니기 때문이다. 그러나 '정당성'이라는 질문을 하게 되면 금방 답이 나온다. 삼권분립이 확립된 정상적인 민주국가에서 대통령이 국회에 군을 투입해서 국회의원을 끌어내라고 하는 것이 정당하지 않다는 것은 초등학생 정도의 역사 지식과 윤리의식만 있다면 금방 알 수 있다. 그래서 나는 헌법에는 적법하다는 표현보다는 정당하다는 표현이 옳다고 본다. 기본 헌법에는 '정당성'이라는 표현을 넣고,

하위법에 구체적 정당성의 기준을 적시하는 것이 옳다고 본다. 당연히 4월 4일 헌법재판소는 인용 판결을 내렸다. 그렇다면 다른 나라에서는 군인의 복종과 불복종에 대해서 각각 자국의 법률에 어떻게 명시하고 있을까? 먼저 미국의 사례를 살펴 보면 다음과 같다.

　미군의 〈군형법(UCMJ, Uniform Code of Military Justice)〉 제90조 제2항은 상관의 명령에 대한 항명죄를 아래와 같이 규정하고 있다.

　"이 장의 적용을 받는 사람이 그 사람의 상급 지휘관의 합법적인 명령(a lawful command)에 고의로 불복종하는 경우,

　① 전시에 범한 경우에는 사형 또는 군사법원이 지시하는 기타 형에 처하고,

　② 그 외의 시기에 범한 경우에는 군사법원이 지시하는 사형 이외의 형에 처한다.

　(Any person subject to this chapter who willfully disobeys a lawful command of that person's superior commissioned officer shall be punished –

　① if the offense is committed in time of war, by death or such other punishment as a court-martial may direct; and

　② if the offense is committed at any other time, by such punishment, other than death, as a court-martial may direct)"

위 법령의 내용을 볼 때, 미국에서는 '정당한(justice)'이라는 표현보다는 '적법한(a lawful)'이라는 표현으로 미국의 현행법에 저촉되는 명령은 발령할 수 없으며, 적법한 명령에 불복종한 경우에는 사형을 비롯한 강력한 처벌을 가하고 있음을 알 수 있다.

독일의 〈군인기본법〉 제10조 제4항과 제11조 제2항에는 다음과 같이 언급하고 있다.

"제10조 제④항 명령은 오직 공적인 목적과 국제 인권규약, 법률, 규정을 준수하는 경우에만 성립된다(Er darf Befehle nur zu dienstlichen Zwecken und nur unter Beachtung der Regeln des Völkerrechts, der Gesete und der Dienstvorschriften erteilen).

제11조 제②항 명령을 따르는 행동이 범죄일 경우 따라서는 안 된다. 그럼에도 불구하고 부하가 명령을 따를 경우, 행위의 불법성 및 상황을 명확히 인지할 경우에만 처벌할 수 있다(Ein Befehl darf nicht befolgt werden, wenn dadurch eine Straftat begangen würde. Begolgt der Untergebene den Befehl trotzdem, so trifft ihn eine Schuld nur, wenn er erkennt oder wenn es nach denihm bekannten Umständen offensichtlich ist, dass dadurch eine Straftat begangen wird)."

독일의 경우에도 '오직 공적인 목적'이라는 문구를 볼 때는 공익적 목적을 위한 명령에 한정한다는 의미가 있기는 하지만 여전히 국제인권규약, 법률, 규정을 준수하는 경우로 한정한다는 의미에서 '정당한 (justice)'이라는 표현보다는 '적법한(a lawful)'이라는 의미가 강하게 내포되어 있음을 알 수 있다. 특히 제11조 ②항에서는 설사 부하가 불법적인 명령에 따랐다고 할지라도 그 불법성을 명확하게 인지하지 못했을 경우에는 처벌할 수 없도록 명시했다는 점이 특이하다. 이는 과거 제2차 세계대전 시 히틀러의 부당한 명령에 그 부당성을 모르고 따랐던 많은 병사를 고려한 조치로, 독일만의 독특한 역사적 경험이 반영된 것으로 해석된다.

일본의 경우는 일본 〈자위대법(Act on the Self-Defense Forces)〉 제52조에 복종의 의무에 대해 다음과 같이 언급하고 있다.

"제52조 대원은 법령에 따라 상사의 명령에 충실히 따라야 한다
(第五十二條 隊員は, 法令に徒い, 上司の命令に忠実に 徒わなければならない)."

일본의 경우도 '법령에 따라'라는 표현을 볼 때 '정당한'이라는 표현보다는 '적법한'이라는 의미가 더 강하게 작용하고 있음을 알 수 있다. 즉 이 경우도 적법한 상사의 명령이라면 따라야 하고, 적법하지 않은

명령은 따르지 않을 수 있는 여지를 남겨놓았다고 볼 수 있겠다.

대만의 경우에는 〈육해공군징벌법〉 제10조에 다음과 같이 명시되어 있다.

"제10조 군인은 권책장관의 직무 범위 내에서 발령된 명령에 복종할 의무가 있으며, 그 명령이 위법하다고 판단될 경우 권책장관에게 의견을 표명하고, 해당 장관이 위법하지 않다고 인정하여 서면으로 발령한 경우에는 군인이 복종하여야 하며, 그에 따른 책임은 해당 장관이 진다(軍人對權責長官職務範圍內下達之命令有服從之義務, 如認爲該命令違法, 應向權責長官表示意見; 該管長官如認其命令並未違法, 而以書面下達時, 軍人卽應服從 ; 其因此所生之責任, 由該長官負之)."

대만이 특이한 점은 하급자가 상급자의 명령에 위법성이 있다고 판단하면 이에 대하여 이의를 제기할 수 있으며, 그럼에도 불구하고 상관이 명령을 하달했을 경우에는 복종하도록 하되, 상급자가 명령 하달 사이에 숙고를 거치도록 절차를 하나 더 두고 있다는 점이다. 또한 하급자의 이의를 받았음에도 이를 그대로 시행하기 위해서는 서면으로 발령토록 하여 그 형식상의 조건을 조금 더 강하게 명시하고 있다. 이는 구두 명령만 했을 경우 사후에 있을 사실 왜곡이나 변명 등을 사전에

방지함은 물론, 명령 하달자로 하여금 자신의 책임을 더 크게 느낄 수 있도록 하고 있다고 본다. 또한 이 경우 그 명령 이행을 수행한 하급자에게는 책임을 묻지 않도록 한 점도 특이하다고 할 수 있겠다.

러시아의 경우 〈연방 형법〉 제33조(군사범죄)와 제332조에 명령의 불복종에 관한 내용이 명시되었는데, 내용은 다음과 같다.

"제332조, 명령 불복종
절차에 따라 내려진 상관의 명령을 이행하지 않아 복무의 이익에 중대한 해를 끼친 경우
(Статья 332. Неисполнение приказа
Неисполнение подчиненным приказа науальника, отданного причинившее существенный вред инте ресам службы)."

절차에 따라 내려진 상관의 명령을 이행하지 않아 "복무의 이익에 중대한 해를 끼친 경우"라고 명시하여, 러시아의 경우에도 '정당한'이라는 표현보다는 '적법한'이라는 의미가 더 강하게 작용함을 알 수 있다. 그런데 러시아의 경우 과거 사회주의 국가였음에도 불구하고 그 처벌내용이 비교적 가볍다는 점이 특이하다. 일반적인 상황에서 절차에 따라 내려진 상관의 명령을 이행하지 않을 경우에는 6개월 구금, 또는 최

대 2년의 징역형에 처해지고, 전시나 계엄 사태 등에서 발생할 경우에도 3년에서 최대 10년의 징역형을 처한다고 했기 때문이다.

반면, 미국의 경우 평시에는 군사법원이 정하는 형에 처하지만, 전시에는 사형에 처한다고 명시하고 있어 대단히 강력하게 처벌하고 있음을 알 수 있다. 대한민국의 경우 항명인 경우, 전시에는 사형, 무기 또는 10년 이상의 징역을, 평시에는 3년 이하의 징역을 처하며, '명령 위반'일 경우에는 2년 이하의 징역이나 금고에 처하는 것으로 명시되어 있다.

나는 앞에서도 언급했듯이, "법은 최소한이 도덕"이라고 생각한다. 군인이 상관의 명령을 따르는 것은 법의 처벌이 무서워서가 아니다. 상급자의 명령이 대한민국의 '헌법적 가치'를 위한 정당한 명령이라면 죽음을 각오하고 따라야 하는 것이고, 그러한 가치를 벗어나는 부당한 명령이라면 죽음을 각오하고 거부해야 한다. 그것이 군인의 자세이고 명예를 지키는 길이다.

제10장

맹목적 복종과
군기 및 사기

행동이나 태도, 가치관, 신념은 스스로 생각하고 결정할 수 있는 자율적 개인의
존재를 전제로 한다. 맹목적 복종을 강요받는 군인 내지 생각하지 않는 군인에
게 가치관, 신념은 불필요한 것이며, 변화를 전제하지 않는 로봇 같은 군인에게
는 일방적 지시에 의한 반복적 훈련은 있을지언정, 행동이나 태도의 변화를 기
대할 수는 없다. 군기와 사기는 자발적 복종을 추구하는 군대에서 그 가치를 발
휘한다.

"군은 군기(軍紀)와 사기(士氣)를 먹고 산다."

"전투에서 성공은 사기에 달려 있다. 전투는 두 집단의 물질적
충돌이 아닌, 두 집단의 정신적 충돌이다."

– 아르뎅 뒤 피크(Ardant du Picq) –

군기는 군대의 기율이다. 군대에서 군기를 세우는 목적은 지휘체계
를 확립하고 질서를 유지하며, 일정한 방침에 일률적으로 따르게 하여
전투력을 보존 및 발휘하는 데 있다. 따라서 군기가 있는 군대는 조직
의 질서가 잘 유지될 뿐만 아니라, 공포와 고통이 도사리고 있는 혹독
한 환경에서도 이를 극복할 수 있는 용기를 발휘할 수 있게 한다. 또한
점령지나 그 주민들에게 무분별한 횡포나 군림을 억제할 수 있는 자제
력을 제공한다.

과거에는 적에 대한 적개심을 바탕으로 명령에 따라 용감하게 맞서
싸우는 것이 주요 관심사였다면, 현대에는 이와 더불어 적 또는 적국의
민간인에 대해서도 인권을 존중하고 전쟁법을 준수하는 의무도 군기
에 포함된다. 따라서 군기는 용기와 절제 모두를 필요로 한다. 근대 이
전의 전쟁에서 승리한 군대는 패배한 군대 또는 패배한 나라의 전리품
을 확보하는 것을 당연하게 여겼다. 아니 어찌 보면 그 전리품을 확보
하기 위해 전쟁을 했고, 따라서 전쟁은 경제적으로도 이윤이 많이 남는

비즈니스였다.

하지만 현대 전쟁은 그렇지 않다. 상대국의 재산을 전리품으로 가져가는 것은 정당하지 않을 뿐만 아니라, 전쟁의 명분을 훼손하여 전쟁을 승리로 이끄는 데도 불리하게 작용한다. 마오쩌둥은 장제스의 국민당군에 쫓겨 도망가는 '대장정' 중에도 자신의 군대에게 "인민은 물이고, 군대는 물고기"라 강조하면서 주민들에 대한 약탈을 금지했고, 불가피하게 주민들의 신세를 져야 할 때는 중공군이 발행한 전표를 나누어 주고 혁명이 종결되면 몇 곱절로 갚아 주도록 했다. 이는 '3대 기율, 8항 주의'[34]로 나타나 중국인민해방군의 행동 요령으로 구체화 되었고, 결국 마오쩌둥은 백성들의 지지에 힘입어 장제스의 국민당군을 물리치고 중국대륙을 석권할 수 있었다.

현대전에서는 아군이든 적군이든 상대국 민간인에 대한 횡포는 전쟁

---

34 3대 기율
　1. 모든 행동은 지휘에 따른다.
　2. 군중의 바늘 하나, 실오라기 하나도 취하지 않는다.
　3. 얻어낸 모든 것은 공동 분배한다.
　8항 주의
　1. 말할 때는 온화하게 한다.
　2. 매매는 공평하게 한다.
　3. 빌려온 것은 반드시 되돌려준다.
　4. 손해를 입혔을 경우 반드시 배상한다.
　5. 구타나 욕설을 하지 않는다.
　6. 농산물에 해를 입히지 않는다.
　7. 부녀자를 희롱하지 않는다.
　8. 포로를 학대하지 않는다.

의 명분을 훼손시키고 여론을 악화시켜 전승에 걸림돌이 될 뿐이다. 한국전쟁의 영웅 백선엽 장군의 저서 『백선엽의 6·25 징비록』에는 다음과 같은 내용이 언급된다.

"중공군은 주민들에게 피해를 끼치지 않도록 많은 주의를 기울였다. 그들은 가능한 한 민가에서 숙영하지 않았다. 어쩔 수 없이 머물더라도 깨끗이 정리하고 반드시 화장실까지 청소한 뒤 떠났다."

백선엽 장군의 눈에 비친 당시 중국인민해방군은 무모하게 인해전술만을 추구하는 무식한 군대가 아니라 절제되면서도 교활하고 영리한 군대였고 특히 엄정한 군기가 확립된 군대였다. 물론 마오쩌둥이 중화인민공화국을 수립한 이후에 시행한 '대약진운동'[35]이나, '문화대혁명'[36] 등을 진행할 때 행해진 엄청난 비인도적 행위들을 보면, 그가 남한 국

---

35 중화인민공화국에서 농업과 산업의 급속한 발전을 통해 부강한 사회주의 국가를 만드는 것을 목적으로 1958년부터 1961년 말~1962년 초까지 마오쩌둥(毛澤東)의 주도로 시작된 농공업 대증산 정책을 말한다. 이 운동으로 농촌에서 농업생산이 붕괴되고 대기근이 발생했다. 근거 없는 낙관적인 생산량 목표에 기초하여 운영한 결과, 정부는 농업생산에 필요한 자원은 줄이면서 곡물 수매 할당량은 늘렸다. 그 결과 질병과 영양실조로 인해 약 2천만 명에서 3천만 명의 농민이 사망했다. 20세기 최대 기근이었다.

36 중화인민공화국에서 1966년부터 1976년까지 벌어졌던 대규모 문화 파괴 운동을 말한다. 자국의 문화를 자국민이 스스로 파괴한 전례가 드문 대사건으로, 공산주의 체제의 내재적 폭력성과 경직성, 그리고 체제적 한계를 보여주는 대표적 사례이다. 이 10년 동안의 운동으로 중국의 많은 지식인이 희생당하고 수천 년 동안 보존 되어온 문화재가 상당수 파괴되었다.

민의 인권을 존중하기 위해서 이런 지침을 내린 것이라기보다는, 남한 국민의 마음을 얻어야 한다는 전략적 판단에서 취한 조치였겠지만 어쨌든 이런 면에서 보면 당시 중국인민해방군은 군기가 잡힌 군대였다. 이처럼 군기는 과거에는 조직 내의 규율을 통제하고 기강을 잡는 것에서 출발해서 이제는 대외적으로 국제법을 준수하고 과도한 군사력의 남용을 제어하는 것까지 포함하는 쪽으로 확대되었다.

부하들에게 불복종의 여지를 남기는 것에 대해서, 군 조직에서 절대 있을 수 없는 것이라고 주장하는 사람들이 가장 우려하는 것이 군기 문란이다. 극단적 상황으로 치열한 전투가 벌어지는 상황에서 죽을 것을 분명히 알면서도 상급자가 "돌격 앞으로!"라고 명령하면 돌격해야 하는데, 이런 상황에서 부하들이 상관의 명령이 정당한 명령인지 정당하지 않은 명령인지를 따진다면 그것은 이미 군대가 아니라는 주장이다. 이런 주장은 12월 3일의 계엄이 올바르지 않다고 생각하는 사람들조차도 동의하는 분들이 많다. 그래서 당시 상황에서도 장군 및 일부 대령 등 소위 고위직에 있는 사람들에게만 불복종의 여지, 즉 판단의 자주성을 주어야지 하위직에 있는 장교 및 부사관들과 일반 병사에게는 무조건 명령에 따르도록 해야 한다는 주장에 힘을 싣고 있다.

그러나 나는 그런 주장에 단호하게 반대한다. 계급과 지위 고하를 막론하고 모든 군인에게는 자율적으로 판단할 자유가 있다. 상급자의 명령에 복종할 것인지, 불복종할 것인지는 오로지 본인 자신의 판단에 있다. 대신 그 행위에 대해서는 반드시 책임을 져야 한다. 즉, 불복종에 따른 책임─목숨 또는 직책을 내놓음─을 감수해야 한다는 의미이다. 모든 군인에게 불복종의 자유를 준다고 해도 현장에서 불복종의 행위를 직접 실천하기는 결코 쉽지 않다. 왜냐하면 불복종은 그에 따른 책임이 대단히 크기 때문이다. 그리고 그런 자유를 주었다고 해서 군기가 저해되는 것도 아니다.

위에서 언급한 전투 상황이 벌어진다고 가정하자. 당신은 소대원이고 나는 소대장이다. 나는 중대장으로부터 부대 앞의 고지를 오후 5시까지 점령하라는 명령을 받았다. 나는 소대원들에게 적 진지를 향해 돌격할 것을 명령했다. 그런데 당신은 그렇게 돌격했다가는 죽을 것이 뻔하기 때문에, 또는 군사적으로 다른 방법이 있을 수도 있기 때문에 거부했다고 치자. 당신 혼자만 거부했다면 소대장인 나는 당신을 남겨둔 채 나머지 소대원으로 돌격을 감행할 것이다. 그러나 당신의 불복종에 동요된 다른 많은 소대원도 당신과 함께 거부한다면 돌격작전 자체는 취소될 것이고, 내가 중대장으로부터 받은 고지 점령 임무는 실패할 것이다.

나는 소대장으로서 임무를 수행하지 못한 실패의 책임을 당연히 져야 한다. 나는 부대로 복귀해서 실패에 대한 책임을 지는 동시에 명령에 불복종한 부하들을 군법회의에 회부할 것이다. 우선 '적진을 향해 돌격하라!'는 나의 명령이 나의 직무와 관계가 없거나 법규 및 상관의 직무상 명령에 반하는 사항, 또는 권한 밖의 사항에 해당하는 부당한 명령이었는가? 그렇지 않다. 나의 명령은 정당한 명령이었고 당신은 나의 정당한 명령을 거부했다. 전시 항명은 사형이나 무기징역, 또는 최하 10년 이상의 징역이다.

　이것은 단순히 법적으로만 그렇다는 것이다. 당신은 주변 동료, 가족 등 많은 사람으로부터 비겁자, 상관의 정당한 명령에 항명한 자라는 비난을 받으면서 평생을 살아가야 한다. 당신의 양심은 또 어떨 것인가? 다른 동료들은 조국, 가족, 공동체, 평화, 자유를 위해 피를 흘리며 죽었는데, 자신만 도망쳐 나왔다는 죄책감에 시달리며 평생을 살게 될 것이다. 이런 선택을 한다는 것이 쉽다고 생각하는가? 나 혼자 거부하는 것이 겁이 나서 동료들과 함께 모의해서 명령을 거부한다면, '집단항명죄'가 되어 사형에 처해질 가능성이 더 크다. 정상적인 보통 사람이라면 이런 선택은 하지 못할 것이다. 더구나 만약 당신이 평소에 소대장을 존경하고 소대장과 소통이 잘 되고 있었다면, 그리고 소대장이 소대원들을 수단으로만 생각하는 비인간적이고 몰상식한 사람이 아니고 함께 피를 나누는 전우라는 믿음이 존재한다면 더더욱 당신은 '불복종'을 선택하지 못할 것이다. 당신은 소대장, 전우들과 함께 적진으로 돌격할 것이다.

　이라크 전쟁, 아프가니스탄 전쟁, 그리고 최근의 우크라이나-러시아 전쟁에서도 상급자의 정당한 명령에 불복한 사례는 거의 들려오지 않는다. 대부분의 정상적인 장병들은 기꺼이 죽음을 각오하고 앞으로 돌진한다. 이들이 생각이 없어서 그런 것인가? 자율적 판단을 하지 못하도록 강압적 훈련에 적응되었기 때문에, 상급자가 무서워서 맹목적으로 돌진하는가? 그렇지 않다. 그들은 군인이라면 전투 중 사망하는 것이 명예롭다는 것을 인식하고 있으며, 내 가족과 이웃, 그리고 국가는 나를 명예로운 군인으로 기억해줄 것이라고 믿고 있다. 그리고 혹시 내가 전투 중 부상당한다고 해도, 국가가 나를 치료해 줄 것이라는 믿음이 있다. 나의 희생으로 더 많은 사람이 더 좋은 삶을 산다고 확신하기 때문에 당신은 죽을 줄 알면서도 앞으로 나아가는 것이다. 아니 어떤 병사들은 자신을 희생해서 다른 동료, 상급자를 구하기도 한다. 생각 없는 로봇, 맹목적 복종만을 강조하는 군대에서 그런 군인이 나올 수 있겠는가? 또한 부하들에게 생각하도록(불복종의 여지를 줌) 했다고 해서 군기가 저해되었다는 증거는 어디에도 없다. 오히려 창의성 있는 전투로 승리를 이끌었다. 프랑스 전쟁 시의 프로이센, 그리고 제2차 대전의 독일군이 이를 증명한다.

오늘날 현대 전투는 고도로 분권화되어 시행된다. 어떤 작전은 분대 단위, 팀 단위로 실시된다. 지휘관은 작전에 투입하기 전에 부대원들에게 반드시 임무 브리핑을 한다. 작전의 목적은 무엇이고, 최종 상태는 어떤 것이며, 작전 시 유의 사항을 설명한다. 그리고 마지막에 반드시 묻는 문구가 있다. "질문 있는가(Any Question)?" 이때 부하들은 지휘 고

하를 막론하고 어떤 질문도 할 수 있다. 계급을 떠나 생사를 함께하는 전우이기 때문이다.

그리고 이 질문은 지휘관이 생각하지 못한 오류를 예방할 수도 있고, 더 좋은 방안을 강구할 수 있는 기회가 된다. 이 경우 부하들이 지휘관을 믿고 따르는 복종은 당연히 자신의 신념에서 우러나오는 자발적인 복종이다. 맹목적 복종만을 추구하는 군대에서는 브리핑도 질문도 존재하지 않는다. 그래서 대한민국 국방부의 정신전력 지침서에도 군기에 대해 이렇게 말하고 있다.

"군기를 세우는 으뜸은 법규와 명령에 대한 자발적인 준수와 복종이다. 따라서 군인은 정성을 다하여 상관에게 복종하고 법규와 명령을 지키는 습성을 길러야 한다."

'읍참마속(泣斬馬謖)'이라는 말이 있다. 제갈량의 신임을 받던 마속이 위나라와의 전쟁 중 가정(街亭) 전투에서 물을 조심하라는 제갈량의 지시를 어기고 산에 진을 쳐서 전투에 패배했고, 이에 제갈량은 그 책임을 물어 눈물을 흘리며 마속의 목을 베었다는 이야기에서 비롯된 말이다. 우리는 이 말을 '원칙을 지키기 위해서 아끼는 사람을 버린다'는 또는 '아끼는 부하의 목도 베어야 할 만큼 군령(軍令)은 준엄하다'는 의미로 알고 있다. 당연히 그런 측면이 있다. 그러나 그것이 전부는 아니다. 특히 현대 전쟁에서는 달리 해석되어야 한다. 그것은 마속이 죽은 이후의 여러 역사가가 제갈량의 판단을 비판한 것에서도 알 수 있다. 역사가 습착지(習鑿齒)[37]는 "촉나라는 작은 나라로 인재가 위나라보다 적은 데도 법을 위한답시고 보다 소중한 준걸을 죽였으니 대업을 이루기가 어려울 수밖에 없었다"라고 제갈량을 비판했고, 장완(蔣琬)[38] 역시 마속의 죽음을 애석해 했다.

오늘날의 상황에서 판단해 봐도 그런 인재를 죽이는 것은 현명하지 못하다. '임무형 지휘'의 측면에서 보면, 제갈량은 마속에게 총사령관의 임무를 부여하면서 조건을 달았다. 즉, 부하 지휘관에게 족쇄를 채운 것이다. '임무형 지휘'라면 목표와 최종 상태는 명확하게 지시하되, 그 목표와 최종 상태를 이루기 위한 수단은 예하 지휘관에게 위임해야 한다. 또한 제갈량은 평소에도 똑똑한 마속과 군사전략에 관한 대화를 많이 했다. 마속이 어떤 사람인지는 제갈량이 더 잘 알고 있었을 것이다. 당시 가정 전투는 대단히 중요한 전투였다. 그래서 예하 장수들은 똑똑하더라도 전투 경험이 없는 마속보다는 전투 경험이 많은 위연(魏延)이나 오의(吳懿)가 총사령관직을 맡아야 한다고 건의했지만, 경험이 없는 마속을 임명한 것은 제갈량 본인이었다. 전투는 현명하다고 해서

---

37 중국 동진(東晉)의 역사가.

38 중국 삼국시대 촉나라의 정치인. 제갈량, 비의, 동윤과 함께 촉의 사상(四相)으로 꼽힌다.

승리할 수 있는 것이 절대 아니다. 경험이 대단히 중요한 요소이다. 그런데 전투 경험이 없는 마속을 임명한 것은 제갈량의 결정적 실수이고 따라서 전투의 실패 책임은 제갈량에게도 있다. 지휘관은 부하의 재능과 품성까지도 고려하여 임무를 부여해야 한다. 또한 마속을 죽이지 않고 다른 처벌을 한다고 해서 원칙이 무너지는 것도 아니다, 지휘관이라면 그를 더욱 자기 사람으로 만들어 더 크게 쓸 수 있어야 한다. 전쟁은 장기전이다. 이 실패를 계기로 마속은 훗날 더 큰 일을 해냈을지도 모르는 일이다.

사기(士氣)는 군 복무에 대한 군인의 정신적 자세를 말한다. 앞에서 언급했던 군기가 절제적 요소를 포함하고 있다면, 사기는 높으면 높을수록 좋기에 증폭적 요소를 포함한다. 즉, 사기가 높은 부대는 전투에서 승리할 가능성이 월등히 크며, 각종 사고가 발생하거나 임무 수행에 실패할 가능성은 작아진다. 군대 사기의 중요성에 대해 특별하게 관심을 보인 사람은 프랑스의 군사사상가였던 아르뎅 뒤 피크(Charles Jean Jacques Joseph Ardant de Picq)가 있다. 그는 크림 전쟁에 대위로 참전하면서 수적으로 우위에 있는 군대가 실제 전투에서 열세에 놓이는 상황을 목격하고, 왜 이런 현상이 나타나는지 의문을 갖고 연구를 시작했다. 그는 전쟁에 참전했던 사람들에 대한 설문조사와 로마 군대 등의 고대 군사 기록을 통해, 당시까지만 해도 물리적 요소에 비해 덜 주목받던 정신적 요소의 중요성을 발견하게 된다. 즉 군대는 양이 아닌 질의 문제가 전투의 본질적 실체를 형성하고 있다고 생각했다. 그래서 그는 전투에서 성공은 그 부대의 사기에 달려 있다고 말하면서 자신의 저서 『전투연구(Battle Study)』에서 다음과 같이 주장했다.

"전쟁의 기술과 산업은 과학이 발달함에 따라 많은 변화를 겪게 된다. 그러나 한 가지만은 변하지 않는다. 인간의 마음이 바로 그것이다. 최종적으로 분석해 보면 전투에서 승리의 관건은 사기의 문제이다. 군대에서 조직, 군기 및 전술과 관계되는 모든 문제에서 전투의 가장 결정적인 순간에는 인간의 마음이 가장 기본적인 요소이다."

사기라고 꼭 집어서 말하지는 않았지만, 클라우제비츠도 인간의 정신적 측면을 많이 강조했는데,『전쟁론』에서 "물리력이 목재로 만든 칼집이라면 정신력은 시퍼런 칼날이다"라고 언급했다. 손무 또한 "병사 보기를 자식같이 생각한다면 병사들은 이 때문에 함께 죽을 수도 있다(視卒如愛子, 故可與之俱死)"라고 하면서 사기의 중요성을 언급했다. 결국 뒤 피크, 클라우제비츠, 손무 모두 표현 방법은 다르지만 인간의 정신과 관련된 부분에 대해 언급한 점은 공통적이다.

결론적으로 극심한 공포와 고통이 난무하는 전쟁터에서 인간이 이를 극복하고 승리를 하기 위해서는 지휘관(장수)과 부하가 서로 어떤 마음을 갖고 어떤 영향력을 행사해야 하는가의 문제로, 오늘날 말하는 리더십과 연결되게 된다.

리더십이란 무엇인가? 군 리더십 분야의 오랜 경험과 연구 실적을 갖고 있을 뿐 아니라 육군 리더십 센터장을 역임했던 윤여표 박사의 최근 저서 『전쟁을 움직이는 힘, 전장 리더십』에서는 리더십을 이렇게 정의하고 있다. "리더십이란 리더가 임무를 완수하고 조직을 발전시키기 위하여, 구성원에게 목적과 방향을 제시하고, 동기 부여함으로써 영향력을 미치는 활동이다." 그러면서 리더십에서 가장 중요한 단어 하나를 뽑으라면 '영향력'이라고 말한다. 영향력이란 타인의 행동이나 태도, 가치관, 신념에 효과적인 변화를 일으킬 수 있는 행위나 능력을 의미한다.

그렇다면 리더십은 왜 필요한가? 그는 이 책에서 이렇게 답한다. "리더는 구성원에게 긍정적이고 목적에 부합하는 영향력을 발휘하여 임무 완수를 가능하게 한다." 결국 리더십이란 구성원에게 행하는 영향력이고, 리더십이 필요한 이유는 임무를 완수하기 위함인 것이다. 그렇다면 다시 처음으로 돌아가서, 맹목적 복종을 강요하는 조직에서 리더십이 필요한가라는 질문을 하지 않을 수 없게 된다. 왜냐하면 리더십이란 위에서 언급한 것처럼 타인의 행동이나 태도, 가치관, 신념에 영향을 미치는 것이기 때문이다.

행동이나 태도, 가치관, 신념은 스스로 생각하고 결정할 수 있는 자율적 개인의 존재를 전제로 한다. 맹목적 복종을 강요받는 군인 내지 생각하지 않는 군인에게 가치관, 신념은 불필요한 것이며, 변화를 전제하지 않는 로봇 같은 군인에게는 일방적 지시에 의한 반복적 훈련은 있을지언정, 행동이나 태도의 변화를 기대할 수 있는 리더십은 불필요하기 때문이다. 또한 리더십은 팔로워의 존재 없이는 애초부터 존재할 수 없는 단어이다. 따라서 리더십은 팔로워와의 상호 교류를 통해서 발휘된다. 그러나 맹목적 복종을 지시받는 조직에서 팔로워의 반응이라는 것이 존재할 수 있을까? 생각하는 팔로워를 부정하는 조직에서 리더십은 존재할 수 없다. 존재하는 것은 획일적으로 규격화된 매뉴얼과 한 치의 오차도 없이 정확하게 동작하는 로봇만이 존재할 뿐이다.

제11장

복종과
민군관계

대부분의 현대적 민군관계의 딜레마는 국가방위와 군사안보의 책임과 권한을
위임받은 직업 군대가 쿠데타나 군부 독재 등의 방식으로 국내 정치에 개입할
수 있는 가능성에서 비롯된다. 민간 정부와 군의 올바른 관계는 역설적이게도
민간 정부의 정당하지 않은 명령을 군이 거부하는 것에서 시작된다.

"우리는 왕이나 여왕, 폭군이나 독재자에게 충성을 맹세하지 않으며, 독재자가 되고자 하는 사람에게도 충성을 맹세하지 않는다. 우리는 또한 개인에게 충성을 맹세하지 않는다. 우리는 헌법에 맹세하고, 미국이라는 개념에 맹세하며, 그것을 지키기 위해 기꺼이 목숨을 바친다. 모든 육군·해군·공군·해병대·해안경비대원은 헌법을 보호하고 지키기 위해 개인적 희생을 불사하고 목숨을 바친다. 그리고 우리는 쉽게 겁먹지 않는다."

- 미 합참의장 마크 밀리 대장 전역사 중에서 -

우리는 일반적으로 '전문직업'이라고 생각하면 법률가나 의사를 먼저 손꼽는다. 그러나 법률가나 의사만큼이나 직업군인도 전문직업이라는 것을 아는 사람은 많지 않은 것 같다. 전문직업이란 고도의 전문성을 필요로 하는 직업으로 그런 전문성을 함양하기 위해서는 전문화된 교육과정을 거쳐야 하고, 특정한 지식을 갖추어야만 한다.

나는 고등학교 재학 중에, 인간이 인간의 생명에 대해서 특별한 권한을 행사하는 직업이 무엇일까를 심각하게 고민해 본 적이 있다. 그 당시 별 어려움 없이 떠오른 것이 의사와 판사, 그리고 군인이었다. 성직자도 떠오르기는 했으나, 종교가 다른 경우는 별 의미가 없다고 생각하여 제외했다. 우선 의사는 병든 사람을 낫게 한다. 생명이 위태로운 사람을 살릴 수도 있다. 판사는 죄인의 형량을 판단하여 벌을 가하고 때로는 억울한 사람의 누명을 벗겨내어 무죄를 선고할 수 있다. 인간의 생명과 관계되는 일에 영향력을 발휘하는 것이다.

그러나 위의 두 직업은 일반적이고 정상적인 사람보다는 특정한 대상자에게만 영향력을 행사하게 된다. 즉 의사는 환자에게만 영향력을 행사할 수 있기에, 건강한 사람은 평생 의사를 만나지 않을 수도 있다. 판사 마찬가지로 죄를 지어 법정에 선 사람에게는 영향력을 행사할 수 있지만, 법정과 관계없는 일반인들은 평생 판사와 만나지 않아도 살아가는 데 전혀 문제가 없다.

그러나 군인은 다르다. 군인은 오히려 건강한 신체, 건강한 정신을 갖춘 모든 성인 남자에게 영향을 미치는 직업이다. 더구나 우리나라처럼 국민개병제(國民皆兵制)를 채택하고 있는 나라에서 군대는 남자가 성인으로 성장하기 위해서는 반드시 거쳐야만 하는 관문이었고 시험대였다. 군대의 지휘관은 건강한 청년을 위대한 애국자로 만들 수도 있었고, 죽음의 구렁텅이로 내몰 수도 있는 막강한 영향력을 가지고 있다고 생각했다. 그래서 육군사관학교에 진학하기로 마음먹었고, 운 좋게도 합격할 수 있었다.

그러나 생도 생활을 하면서 학년이 높아질수록 부족함이 많은 나 자신을 발견하게 되었다. 결국 나처럼 부족한 사람이 지휘관이 된다면, 전시에는 많은 부하를 잃을 수도 있고, 평시에는 많은 부하를 고생시킬 것 같았다. 그래서 병과(兵科)를 선택할 때 지휘관을 하지 않는 부관(현인사) 병과를 선택했다. 그렇게 34년을 군에서 복무하고 전역했다. 물론, 그런 나의 희망과는 반대로 부관병과임에도 불구하고, 나는 중령, 대령, 준장 시절 지휘관을 역임했다.

이 글을 읽고 있는 독자 여러분 가운데, '민군(民軍)관계'에 대해서는 들어봤지만, '민의(民醫)관계', '민법(民法)관계' 등의 용어를 들어본 분들은 거의 없을 것이다. 똑같은 전문직업이면서 인간의 생명을 다루는 직업인데도 불구하고 '민군관계'는 많은 학자가 연구, 논의하고 있는데, 왜 '민의관계(민간 정부와 의사 집단과의 관계)'나 '민법관계(민간 정부와 법관 집단과 관계)'에 대한 논의는 없는 것일까? 나는 군인이라는 직업이 가장 정상적인 사람들을 관리하는 집단일 뿐 아니라 그들을 통해 발휘되는 에너지가 '무력(武力)'이라는 형태로 표출되기 때문이라고 생각한다. 법관이나 의사들이 판단을 잘못하거나 순간적으로 실수했다고 해서 국가가 몰락하는 경우는 없다. 반면 무력을 관리하는 군인들이 잘못 판단하거나 실수하면 국가가 무너질 수 있다. 그들이 행사하는 무력은 당연히 내 가족과 내 재산을 외부의 침략으로부터 지키는 무력이 되어야 하겠지만, 때로는 반대로 내 가족과 재산을 침해하는 무력이 될 수도 있기 때문에 무력은 절제되어야 하고 관리되어야 하며, 특별히 공동체에 미치는 영향력이 너무 크기 때문에 도덕적이어야 한다. 이것이 올바른 민군관계를 만들어야 하는 이유이다.

민군관계의 세계적인 석학 새뮤얼 헌팅턴(Samuel P. Huntington)은 자신의 저서 『군인과 국가(The Soldier and State)』에서 근대국가의 장교단은 과거의 전사(戰士)와는 구별되는 전문직업적 특성을 갖고 있다고 말했는데, 그 특성을 전문성, 책임성, 단체성이라고 했다. 전문성이란 앞서 설명한 바와 같고, 책임성이란 그 사회가 요구하는 책임을 다하는 것으로 이는 공공의 이익을 위한 것이며, 개인의 이익을 위하거나 금전을 목적으로 하는 것이 아님을 말하며, 단체성이란 구성원들 스스로가 아마추어와는 다른 집단이라는 자각을 가지고 있음을 의미한다고 했다. 헌팅턴은 민군관계를 크게 4가지로 구분했는데, 군이 민간 정부를 통제하는 것을 '군국주의'로 구분했고, 군국주의는 다시 '전문직업적 군국주의'와 '정치적 군국주의'로 나누었다. 그리고 민간이 군을 통제하는 것을 '문민 통제'라 했는데, 문민 통제는 다시 '주관적 문민 통제'와 '객관적 문민 통제'로 나누었다. 각각을 간략히 살펴보면 다음과 같다.

먼저 '전문직업적 군국주의'이다. 이는 프로이센-프랑스전쟁(1870) 시기부터 제1차 세계대전 이전까지의 독일 상황을 대변한다. 이 전쟁의 승리 이후 제1차 세계대전 발발 전까지 독일에서 군사 경력이나 군 장교가 지녔던 국민적 위상은 근대 서양 사회에서 찾아보기 힘들 정도로 높고 강한 것이었다. 군인은 '거역하기 어려운 자이며, 국민의 제1인자'였다. 모든 군 고위 지도자는 황제에게 직접 건의할 권한을 가지고 있었다. 그러나 그럼에도 불구하고 군부의 권한은 엄밀하게 군사 문제에 한정되어 있었다. 군은 외교 및 경제문제에 관여하지 않았다. 군이 정부의 권한 이상으로 강했지만, 이를 남용하지 않았다. 이것은 독일의 군사 전문직업성이 당시 국제적으로 점점 호전적으로 변해가는 힘의 숭배 사상 등을 추구하는 이데올로기를 막아주고 있었기 때문이었다. 이 시기가 '전문직업적 군국주의' 시대이다.[39]

'정치적 군국주의'는 군의 전문직업성이 사라지고 민간의 모든 권력까지도 군이 통제하는 것을 말한다. 제1차 세계대전 시의 독일과 제2차 세계대전 시 일본이 이에 해당한다. 독일이 제1차 세계대전 시 소련과의 탄넨베르크(Tannenberg) 전투에서 대승을 거두면서 이를 지휘했던 힌덴부르크(Paul von Hindenburg)는 국민적 영웅으로 떠오르게 된다. 1918년이 되면 힌덴부르크와 루덴도르프(Erich Friedrich Wilhelm Ludendorff)는 민간인 내각의 총리를 면직시킬 정도의 권력을 갖게 된다. 군사령관들은 외교정책이나 국내 정책까지 그 권력을 행사했다. 국가의 어떤 정책도 군부의 이해를 벗어나서는 추진할 수 없었다. 산업정책의 중요 분야였던 공업 생산마저도 힌덴부르크의 계획에 의해 통제되고 관리되었다. 루덴도르프는 군의 전문직업적 특성을 단호하게 부정했다.

---

39 헌팅턴은 위 시기(1871~1914)를 객관적 문민 통제의 시기라고 언급하고 있다. 그러나 나는 위에서 언급한 이유로 문민 통제라고 보기에는 당시 군이 갖고 있던 권력이 민간을 능가했다고 본다. 따라서 문민 통제보다는 군국주의에 가깝다고 본다. 그러나 군이 전문직업성을 잃지 않았기 때문에 전문직업적 군국주의의 시대라고 본다.

그러나 이보다 더한 정치적 군국주의는 일본에서 나타났다. 1945년까지 일본인들의 사고(思考)를 사로잡은 것은 천황의 권위와 사무라이에 의한 통치를 반영하는 것이었다. 이것은 천황 중심적이고 무인의 가치를 높이 평가하는 호전적인 이데올로기였다. 따라서 당시 일본의 군인들은 오늘날의 군인이라기보다는 무사에 가까웠고 주요 여러 나라의 군대 중 가장 전문직업적 정신이 결여된 집단이 되었다. 전쟁이란 일반적으로 바람직한 것이 아니며, 또 그것은 국가 정책 최후의 수단으로 보는 전문직업적 시각과는 달리 일본의 무사도는 폭력 자체를 찬미하고 전쟁 그 자체를 찬양하는 경향을 보였다. 전투 중 퇴각은 군사상 필요한 것이며 따라서 퇴각에 대비하는 것이 바람직하다는 것을 인정하는 서구의 전문직업적 사상과는 달리 일본군의 교리는 퇴각 자체를 인정하지 않았다.

일본 정부는 군인 측과 민간 측으로 분할되어 있었으나, 민간 측이 군부에는 전혀 권한을 행사하지 못했던 것에 비해 군부는 민간 측에 권한을 언제든 행사할 수 있었다. 따라서 군인 정치가가 등장하는 것이 일상적이었다. 군인의 영향력은 내각, 추밀원, 그리고 천황이 통제하는 궁내성까지도 미치고 있었다. 1885년 12월 내각의 발족으로부터 1945년 8월 15일 항복하기까지 일본은 42개의 내각에서 30명의 총리를 배출했다. 이들 가운데 15명은 장군이나 제독이었으며 그들은 19대에 걸쳐 내각의 수반이 되었다. 군부의 요구에 반대하는 정치 지도자는 암살 위험에 직면해야 했다. 런던 해군 군축조약을 통과시키려고 했던 하마구치(濱口雄幸) 총리는 1930년 11월에 괴한에게 습격을 받아 그 상처가 원인이 되어 사망했고, 그 뒤를 이은 이누카이(犬養毅) 총리는 1932년 5월 15일 군부의 반란으로 살해되었다. 군인에 의한 정부 통제가 일반화된 시기였다.

반면, '문민 통제'는 민간 정부가 군인을 통제하는 형태를 말한다. 문민 통제는 주관적 문민 통제와 객관적 문민 통제로 나뉜다. 주관적 문민 통제는 민간 정부가 군의 전문성을 존중하지 않고, 자의적으로 군을 통제하는 것을 말한다. 제2차 대전 시 히틀러의 독일군 통제가 대표적인 주관적 문민 통제라 할 수 있다. 히틀러는 군인이 아닌 민간인이었으며, 국민의 절대적 지지를 얻어서 합법적으로 당선된 정치인이었다. 그러나 그는 전쟁 중 군 수뇌부를 불신하고 일선 부대의 활동에 직접 개입하여 부대 이동·배치 등 미세한 부분까지 통제했고, 결국 전쟁에 패배했다. 그는 국가 원수, 나치당 당수, 국방장관이라는 정치적 지위와 국방군 최고사령관 및 육군 총사령관이라는 직함을 모두 갖고 있었다. 당시 이러한 히틀러의 등장에 반대하며, 전문직업군의 중요성을 강조했던 장군들은 모두 숙청되었다.

'객관적 문민 통제'란 민간 정부가 군을 통제하되, 군의 고유영역과 자율성을 인정해 줌으로써 군에 대한 개입을 최소화하고 군의 효율성을 극대화하는 것을 말한다. 헌팅턴은 객관적 문민 통제를 현대 사회에서 가장 바람직한 민군관계로 보고 있으며, 그 핵심은 군의 전문직업성을 인식하는 것이라고 말했다. 그리고 오늘날 대한민국을 비롯해서 대부분 선진국은 객관적 문민 통제를 바람직한 민군관계로 인정하고 이를 추구한다.

정당한 헌법적 절차를 거쳐 선출된 대통령과 그 정부에서 벌어질 수 있는 최악의 시나리오는 국가 보위의 사명을 위임한 군대에게 정권을 탈취당하는 쿠데타의 상황일 것이다. 그래서 12월 3일의 상황을 보고 일부 사람들은 정권을 갖지 않은 세력이 정권을 빼앗기 위해서 군대를 동원하는 것이 쿠데타인데, 정권을 갖고 있는 사람이 군대를 동원하는 것이 쿠데타가 될 수 있느냐라고 반문하면서 당시 상황은 쿠데타가 아니라고 말한다. 그러나 쿠데타는 정권을 갖고 있는 사람이 정권을 더욱 공고히 하기 위해 시행하는 경우도 종종 있었고, 우리는 그런 경우를 '친위 쿠데타'라고 말한다.

3장에서 언급한 프랑스 '7월 혁명'이 대표적인 친위 쿠데타 사례이다. 따라서 정권을 갖고 있느냐 없느냐가 쿠데타 여부를 가르는 기준은 아니라고 말할 수 있다. 헌팅턴은 폭력의 관리는 오직 사회적으로 승인된 목적에만 사용되어야 한다는 점을 강조했다. 이런 측면에서 과연 12월 3일의 계엄이 사회적으로 승인된 목적으로 사용된 것인가? 그리고 계엄이 발령된 지 불과 2시간여 만에 국회에서 계엄 해제를 결의한 것은 무엇을 의미하는가? 4월 4일 헌법재판소의 판결 결과에서도 알 수 있다시피 이는 불법 쿠데타라 할 수 있다. 백번 양보해서 정상적인 통치행위라고 가정한다고 하더라도 테러 대응과 특수작전을 위해 훈련된 707부대 같은 정예부대를 통치자의 정치적 목적을 위해 동원한 것은 군의 전문직업성을 심각하게 해친 것이다. 헌팅턴의 민군관계 구분에 따르면 히틀러 시대의 독일군 통제와 같은 주관적 문민 통제에 해당한다고 볼 수 있다.

그러나 그것보다도 더 중요한 것은 정치인의 명령과 군인의 복종과의 관계이다. 일반적인 상황에서는 이런 질문 자체가 매우 비상식적이다. 문민 통제를 추구하는 자유민주국가에서 군인은 당연히 정치인(대통령)의 명령에 100퍼센트 복종해야 한다. 그런데 그 정치인의 명령이 헌법적 가치에 부합하지 않는다면 상황은 달라진다. 일반적인 '민군관계' 이론에 있어서도, '명령이 명백히 불법이거나, 헌법에 위배 되거나, 국가안보의 정당한 필요가 아니라 개인의 정치적 목적을 위한 것'이라면 이를 거부하는 것이 정당하다고 말한다. 헌팅턴의 일관된 논리는 군인의 복종이라는 것은 국가와 헌법적 가치·체계에 대한 복종이지, 개인에 대한 복종은 아니라는 것이다. 그러므로 쿠데타 시도나 계엄령의 오남용이 발생하는 경우에는 헌법 질서와 민주주의 원칙의 수호를 우선해야 한다.

만약 12월 3일의 계엄이 성공했다면, 계엄에 적극적으로 참여했던 군 고위직 장성과 영관장교들은 현 정부에서 승승장구했을 것이고, 일부는 차후에 국방부 장관 또는 정치인으로 변신할 가능성이 컸다. 결론적으로 군이 정치에 깊게 개입하는 결과가 되어버리는 것이다. 바람직한 민군관계, 그리고 바람직한 전문직업군의 정착에 역행하는 것이다. 나는 바람직한 민군관계 그리고 전문직업군의 정착을 위해서는 통치자의 명령이 아무리 합법적인 명령일지라 하더라도 적이나 외부 세력이 아닌 국내 정치용 도구로 활용하기 위한 것이라면 거부해야 한다고 생각한다. 군은 특정 정당이나 특정인을 위한 국내 정치용 도구나 수단이 아니기 때문이다.

대부분의 현대적 민군관계의 딜레마는 국가방위와 군사안보의 책임과 권한을 위임받은 직업 군대가 쿠데타나 군부 독재 등의 방식으로 국내 정치에 개입할 수 있는 가능성에서 비롯된다. 그런 측면에서 이번 12월 3일의 계엄은 위헌과 불법의 문제를 떠나 대한민국 군에게는 씻을 수 없는 상처를 남기고 말았다. 군 통수권자가 자신의 정치적 목적을 위해서 군을 동원했다는 나쁜 선례를 남겼을 뿐만 아니라, 그런 부당한 명령에 일부 고위 장성들이 생각 없이 참여하여 국민에게 총부리를 겨누도록 했기 때문이다. 앞서 마크 밀리 미 합참의장이 트럼프 대통령의 군 동원지시를 거부했던 사례를 들었다. 그러나 이런 상황–군 지휘관이 대통령의 지시를 거부–이 미국에만 있었던 것은 아니다.

한국전쟁이 한창이던 1952년 5월 24일, 이승만 대통령은 전국에 비상계엄을 선포하고 이종찬 육군참모총장을 계엄사령관으로 임명했다.

당시 이승만 대통령은 8월에 예정된 선거에서 재선이 어렵다고 판단하고 이를 타개하기 위해 계엄을 선포한 것이었다. 즉 '발췌개헌'을 통해 대통령 직선제로 개헌하기를 원했는데, 야당이 이를 반대하자 계엄을 선포한 것이었다. 그는 참모총장 이종찬 장군에게 국회의원들을 체포하고 당시 수도였던 부산으로 계엄군을 증원하라는 지시를 내렸다. 그러나 이종찬 장군은 이를 거부하고 오히려 군은 정치적 중립을 지키라는 훈령을 하달했다. 그 결과 이종찬 장군은 육군참모총장 직에서 해임되었다.

1980년대는 대학가를 중심으로 민주화 시위가 일상이었고, 특히 1987년에 와서는 그 맹렬함이 절정에 달했다. 마침내 그해 6월 10일 대규모 시위가 발생했다. 전두환 대통령은 계엄 발령을 구상했고 당시 특전사령관이었던 민병돈 장군에게 군 병력 출동 준비를 지시했다. 그러나 민병돈 장군은 이를 거부했다. 1980년 5월 18일의 비극을 기억하고 있었던 민병돈 장군은 또다시 군을 동원하면 국민과의 충돌로 유혈사태가 발생할 것을 우려하여 대통령의 지시에 반대한 것이었다. 그 결과 군 동원은 불가능하게 되었고, 결국 6월 29일 노태우 민정당 대표의 민주화 선언이 나왔다. 그리고 민병돈 장군은 육사교장을 끝으로 전역을 하기에 이르렀다.

명예로운 명령 불복종의 사례가 육군에서만 있었던 것은 아니었다. 한국전쟁 당시 공군 제10 전투비행단의 초대 비행단장이었던 김영환 대령은 지리산 일대에서 활동하던 빨치산 잔당을 토벌하라는 명령을 받았는데, 하필이면 폭격 장소가 해인사가 있는 곳이었다. 이에 김영환 대령은 전시 명령 불복종으로 인한 즉결 처분을 각오하고 해인사에 대한 폭격을 거부했다. 이 소식을 듣고 크게 화가 난 이승만 대통령은 그를 즉결 처분하고자 했으나, 당시 김정렬 공군참모총장의 건의로 겨우 면할 수 있었다. 당시 김영환 대령은 이렇게 말했다. "해인사에는 700년을 내려온 우리 민족정신이 어린 문화재가 있습니다. 제2차 대전 때 프랑스가 파리를 살리기 위해 프랑스 전체를 나치에 넘겼고, 미국이 문화재를 살리려고 일본 교토를 폭격하지 않은 이유를 상기해 주시기 바랍니다." 세월이 흘러 2010년, 김영환 대령에게는 문화유산을 지켜낸 공로로 무공훈장이 아닌 문화훈장 중 최고 등급인 금관문화훈장이 추서되었다.

이종찬 장군, 김영환 대령, 민병돈 장군 모두 대통령의 지시를 거부했고, 그 때문인지 군에서는 더 이상 상위 계급으로 진출하지 못하고 전역했지만(김영환 대령은 후에 준장으로 진급), 많은 사람이 이분들을 참군인으로 존경하고 있다. 나 역시 세 분을 존경한다. 그리고 이런 분들이 후배 군인들에게 더욱더 널리 알려져 군의 표상이 되어야 한다고 생각한다.

이런 사례는 한국전쟁에 참전했던 미군의 경우도 있었다. 전쟁이 종료된 직후인 1953년 11월 27일, 부산 역전에서 대화재가 발생하여 29

명의 사상자와 3만여 명의 피란민이 집을 잃게 되었다. 당시 부산에 있던 제2군수사령관으로 재직 중이었던 위트컴(Richard Seabury Whitcomb) 장군은 군법을 어기면서까지 피란민들에게 텐트와 먹을 것을 나눠준 것은 물론, 학교, 병원, 이주 주택, 고아원 등을 지어주었다. 이로 인해 미 본국에서 군법을 어긴 것에 대한 청문회가 열렸는데, 그는 청문회에 참석하여 이렇게 말했다. "전쟁은 총칼로만 하는 것이 아니다. 그 나라의 국민을 위하는 것이 진정한 승리다"라고 말하자, 이를 들은 의원들은 기립박수를 쳐 주었을 뿐만 아니라 그에게 추가적인 군수지원까지 해 주었다.

이런 사례는 무엇을 말하는가? 군인에게는 전투에서 승리하는 것 못지않게 또 다른 숭고한 가치가 있음을 알아야 한다. 군인에게 있어서도 전투나 전쟁 자체가 목적이 아니다. 인간이 인간답게 살기 위한 최후의 수단으로써 활용되는 것이 전쟁이고 전투인 것이다. 따라서 군인은 누구보다 역사와 정치에 대해서 잘 알아야 한다. 인류 보편적 가치를 지키기 위해 노력해야 하며, 나의 행동이 역사에 어떻게 기록될 것인지를 늘 생각해야 한다. 또한 정치에 대해서는 잘 알되, 정치와는 적당한 거리를 두어야 한다. 군인이 정치와 너무 가깝게 되면 군의 전문직업성을 잃게 된다. 사무엘 헌팅턴은 이렇게 말했다.

"장군이나 제독은 권력을 획득할 수 있지만, 직업군인의 윤리는 그렇지 않다. 군사적 직업 수행상의 만족과 그 전문직업상의 규칙을 고수하는 것이 권력, 지위, 재산 및 명성 상의 만족과 칭찬에 의해 대체될 수 있다."

그리고, 나는 이렇게 말하고 싶다.

"직업군인은 권력을 획득할 수 있지만, 직업군인의 윤리는 권력을 획득할 수 없다. 직업군인이 권력을 획득하는 순간, 그는 이미 직업군인이 아니며, 직업군인의 윤리와 권력은 결코 같은 공간에 존재할 수 없기 때문이다."

민간 정부와 군의 올바른 관계는 역설적이게도 민간 정부의 정당하지 않은 명령을 군이 거부하는 것에서 비롯된다.

제12장

'생각하는 군인'을 위하여

왜 우리 대한민국의 일부 사람들은 부하들이 생각하는 것을 두려워하는가? 왜 부하들이 복종하지 않을 것을 두려워하는가? 이유는 간단하다. 정당한 명령을 내릴 자신이 없기 때문이다. 그래서 혹시나 자신이 정당하지 않은 명령을 내릴 지라도 부하들이 아무 생각 없이 복종하기를 바라기 때문이다.

긴 시간을 달려왔다. 자연계를 지배하는 법칙과 인간 세계의 특징으로부터 로봇과 인공지능이 활보하는 현대에 이르기까지, 모든 문제를 전지전능하신 신의 명령으로 생각하던 절대적인 믿음에서 시작된 의식 세계가 이를 거부하는 것은 물론, 전혀 의도하지 않은 인간 무의식의 세계까지 파고 들어갔다. 각자의 소유 형태는 공동 생산, 공동 분배의 부족사회로부터 부부간에도 각자의 통장을 관리하는 극단적 개인 경제 사회로까지 변했다. 지구상에서 인간이 활용 가능한 에너지는 엔트로피 법칙에 의해 점점 활용할 수 없는 상태로 전환되고 있고, 의식은 지속적으로 확장되고 있다고 나는 믿는다.

한 번 열린 판도라의 상자가 다시 닫힐 수 없듯이, 한 번 열린 인간의 호기심은 의식의 다양성을 증진하고, 개인적 성향을 더욱 분화시킬 것이며, 절대적 가치는 분산되어 상대적 또는 개별적 가치로 분화될 것이라 믿는다. 피로서 획득한 '자유'라는 가치는 시간이 갈수록 더욱더 그 가치의 중요성을 인정받을 것이다. 그리고 그러한 자유는 지역적으로는 유럽과 북미, 일부 아시아 중심에서 전 지구적으로 확산할 것이며, 인간만의 것에서 애완동물, 나아가 모든 생명체가 가진 것으로 확산될 수도 있다. 물론 그 과정에서 자유를 위협하는 세력과의 투쟁은 있겠지만, 결국은 전 지구적으로 확산할 것이다. 그리고 머지않아 인간은 로봇과 인공지능으로부터 자유를 지키기 위해 고군분투해야 할 수도 있다.

공동체주의자들과 자유주의자들의 주장이 엎치락뒤치락하겠지만,

인류는 정의로운 사회로 한 발 한 발 전진할 것이다. 전쟁의 불확실성과 우연성, 마찰 요소는 과학이 아무리 발전한다고 해도 궁극적으로 해소할 수 없으며, 서로는 창과 방패, 방패와 창을 새롭게 창안할 것이나, 이를 활용하는 최종 사용자는 그럼에도 인간일 것이다.

인간은 불의에 저항하고 자유와 평화를 추구할 수도 있지만, 차별과 배제, 강압, 대규모 학살의 유혹에 빠질 수도 있다. 자신의 도덕적 신념과 어긋나는 행동을 했을 경우 죄책감을 느낄 수 있도록 창조된 인간의 양심은, 복잡한 계층구조를 통해 죄책감을 감소시키는 방법으로 무감각해질 수 있고, 독재자는 이를 활용해 개인의 자유와 양심을 억압했음을 역사를 통해 확인했다.

계층적 위계질서와 강력한 명령은 군대가 갖는 특징 중 하나이다. 이런 특징은 공포와 불안 속에서 불가능을 가능으로 바꿀 수 있는 긍정적 역할도 하지만, 잘못 사용될 경우, 인류에게 치명적인 상처를 줄 수도 있다. 미래에도 군인을 그 구성원으로 하는 군대 조직은 혼자일 수 없으며, 언제나 리더와 팔로워의 관계가 지속될 것이다.

리더십은 리더 혼자만의 능력이 아니라 팔로워와의 상호 관계라는 것은 이미 널리 알려진 사실이다. 그래서 리더에게 요구되는 리더십이 있듯이, 팔로워에게도 훌륭한 팔로워가 되기 위한 팔로워십이 요구된다. 리더십과 팔로워십을 한마디로 정의할 수 없고, 어떤 상황에서나 딱 들어맞는 획일적인 방법이 없다는 것은 그만큼 리더와 팔로워 간의 상황이 다양하다는 것을 의미한다. 그 이유는 당연히 구성원들이 생각하는 인간이기 때문이다.

생각하는 사람을, 그 사람이 군인이라는 이유로, 그 군인이 일반 병사라는 이유로 생각하는 것을 멈추게 할 권리는 누구에게도 없다. 설사 어떤 지휘관이 등장하여 부하들의 생각을 억압하려 하더라도 지금까지 살펴봤듯이, 자연의 법칙과 인간 의식의 변화로 이는 불가능하다. 겉으로는 생각하지 않는 척하겠지만, 내적으로는 더 많은 생각의 불씨가 타오를 것이다. 부하들의 생각을 억압하는 부대는 당연히 전투에서 승리할 수 없을뿐더러 평시 부대 활동도 위축되고 임무 달성은 제한될 것이다. 상관의 강압적 지시에 따라 맹목적으로 임무를 수행하는 부대와 상관의 지시를 자신의 가치관과 동일하게 인식하며 자발적으로 복종하는 부대 중 어느 부대가 더 임무를 잘 수행할까? 두 부대가 전투를 한다면 어느 부대가 승리할까? 굳이 묻지 않아도 우리는 답을 알고 있다.

그런데 왜 우리 대한민국의 일부 사람들은 부하들이 생각하는 것을 두려워하는가? 왜 부하들이 복종하지 않을 것을 두려워하는가? 이유는 간단하다. 정당한 명령을 내릴 자신이 없기 때문이다. 그래서 혹시나 자신이 정당하지 않은 명령을 내릴지라도 부하들이 아무 생각 없이 복종하기를 바라기 때문이다. 9장에서 알아봤듯이 세계 주요 나라들의 법체계는 상관이 하달하는 명령은 그 구성요건에 정당성 또는 적법성을 강조하면서 그 구체적인 조건을 세부적으로 제한하고 있는 반면, 이를 따라야 하는 부하들에게는 간단히 상관의 명령에 따를 것을 규정하고 있다. 이는 상관의 명령이 정당한 또는 적법한 것을 전제로 하기 때문이다.

이것은 무엇을 의미하는가? 상급자는 그만큼 명령을 하달할 때 심사숙고해서 하달하라는 의미이고, 그래야만 부하들이 불복종하더라도 강력하게 처벌할 수 있는 정당성이 생기기 때문이다. 자신의 명령이 정당하다는 확신이 있는 상관은 부하들의 불복종을 걱정할 필요가 전혀 없다. 그 불복종은 군법으로 강력하게 처벌하면 되기 때문이다. 그러나 법은 최후의 한계선이고, 강제력을 동반하기 때문에 최후의 수단이 되어야 한다. 입은 언제 쓰려고 아끼고 있으며, 손은 언제 쓰려고 감추고 있단 말인가?

상급자와 부하는 언제, 어디서, 어떤 주제라도 서로 대화하고 소통할 수 있어야 하며, 글로 또는 이메일로 또는 SNS를 통해서 소통할 수 있어야 한다. 이를 통해 공감대를 형성하고 상호신뢰를 쌓아야 한다. 그것이 리더와 팔로워의 관계다.

1808년 7월 8일, 프로이센의 그나이제나우는 '태형의 폐지'를 발표하면서, "때리지 않고 교육시킬 수 없는 장교는 표현능력이 부족하든가 훈련 과제에 대한 명확한 개념이 없는 것"으로 간주했다. 현재 대한민국 군대에서 하급자의 의견을 무시하고 심지어 의견 개진을 억압하는 군인은 포용력이 부족하든가 논리적 사고능력이 떨어져 부하들을 설득시킬 능력이 없는 군인이다. 계급과 직책의 우위를 통한 억압적 지시보다는, 상급자의 의도에 동의하는 자발적 복종이 훨씬 큰 효과를 발휘한다. 또한 평소 상급자의 억압적 지시는 하급자의 자율성을 저해하고 맹목적 복종을 일상화한다. 그리고 결국 생각 없는 군인을 만든다. 아무런 생각 없이 맹목적 복종에 길들여진 군인은 라 보에시가 말한 자발적 복종을 따르는 군인이고, 생각하는 능력을 바탕으로 상급자와 활발한 소통을 하는 군인은 오토 폰 모저 소령이 말한 자발적 복종을 따르는 군인이다.

'생각'은 클라우제비츠가 말한 '암흑 속에서 진리를 찾을 수 있는 혜안'이 될 수도 있고, 제갈공명의 '지략'이 될 수도 있으며, 이순신 장군의 애국충정, 그리고 잘못된 명령에 과감하게 저항한 전 육사교장 민병돈 장군과 미 합참의장이었던 마크 밀리 장군의 불복종이 될 수도 있다. 이 모든 위대한 행위들은 맹목적 복종에서는 결코 발휘될 수 없는 용기 있는 행위들이다. 미래 군은 이런 군인을 필요로 한다.

그러나 생각하는 군인은 책임을 동반한다. 생각의 자율성을 확보한 사람은 그에 맞는 책임을 감수해야 한다. 현재 대한민국 군에서는 엄정한 지휘권이 위협받고 있다. 각개 병사들 한 명 한 명의 인권은 반드시 존중되어야 하지만, 이러한 인권 존중을 빌미로 무분별하게 지휘권을 흔드는 사례가 늘어나고 있다.

나는 이런 문제의식에서 육군종합행정학교장으로 재직하던 2023년,

'지휘권과 인권의 조화로운 발전을 통한 강한 군대 육성'이라는 세미나를 주관한 적이 있다. 야전에서 특히 각개 병사들과 직접 접촉해야 하는 소대장과 중대장들의 애로사항이 가장 많았다. 아프지도 않으면서 꾀병을 부리며 교육훈련을 기피하는 병사들, 자기가 알고 있는 사회 저명인사 또는 부모님을 통해 군의 정상적 조치를 넘어서는 이런저런 청탁과 심지어 협박까지 하는 부하들 등 초급지휘관의 지휘권을 좀 먹는 사례들은 넘쳐났다.

아이러니한 사실은 이런 병사들의 인권을 더욱 보호하겠다고 나선 것은 육군본부 법무실이었고, 군의 지휘권이 보장되어야 한다고 나선 사람은 민간인 변호사였다. 당시 대한민국 국방부 법무실에는 인권국이 있었고, 국(局) 안에는 과(課)가 3개나 있었다. 나는 왜 인권은 강조하면서 무너져가는 지휘권에 대해서는 어느 누구도 관심을 갖지 않고, 담당하는 과가 없느냐고 불만을 토로했다. 그리고 그 세미나를 계기로 국방부와 육군 차원에서 '지휘권의 보장'에 대해서도 관심을 갖기를 바랐다. 그러나 그런 국방부 법무실은 '채 상병 사건' 같은 불필요한 일에 에너지를 낭비하더니, 급기야 12월 3일의 엄청난 일에 동조하고 말았다.

군의 본질적 문제를 해결해야 할 지휘관들은 현재 재판에 회부되어 있다. 12월 3일의 사건은 당분간 군대 내에서 지휘권을 보장해 달라는 주장을 하기 힘든 사회적 분위기를 만들고 말았다. 불법 계엄에 참여하고 이를 옹호한 군의 지휘부가, 지휘권이 무너지고 있기 때문에 지휘권을 강화해야 주장한다고 하면 지금 이 상황에서 공감할 국민들이 얼마나 되겠는가? 그래서 계엄을 주도하고 참여한 자들은 역사의 죄인이다.

지금 이 시간에도 야전에서는 많은 초급 간부들이 부하들의 인권과 군의 지휘권 사이에서 방황하고 있다. 군대에서는 병사들의 인권도 중요하지만, 지휘관의 올바른 지휘권 행사 또한 중요하다. 부하들 한 명한 명의 인권을 소중히 여길 줄 아는 지휘관이야말로, 올바른 지휘권의 필요를 주장할 수 있는 지휘관이다. 그리고 인권과 지휘권의 사각지대에 숨어 개인의 이익을 취하고 군 기강과 지휘권을 좀먹는 비정상적인 군인을 강력하게 처벌하는 것이 진정으로 평범한 부하들의 인권을 보장하고, 지휘권을 강화는 길이다. 어떤 정부가 들어서든, 초급 간부들의 지휘권 보장에 관심을 가져주기를 바란다.

마지막으로 강조하고 싶은 것이 있다. 생각하는 군인이라고 해서 결심을 미룬다거나 우유부단을 의미하는 것은 결코 아니다. 생각의 폭을 넓히고, 다양한 생각을 하되, 필요한 결심은 과감하게 적시에 해야 한다. 생각하는 군인은 호기를 놓치지 않으며, 과감한 행동에 주저함이 없다. 제2차 대전 당시 정지함이 없이 프랑스군의 후방을 교란한 구데리안과 롬멜 장군이 생각이 없어서 그렇게 행동했겠는가? 그렇지 않다. 생각이 있는 군인은 과감하게 행동하고, 그 모든 행동과 결과에 전적으로 책임을 진다.

미국의 대통령이 주관하는 미국 사관학교 웨스트포인트 졸업식장에서 졸업 생도들은 다음과 같은 선서를 한다.

"국내외 모든 적으로부터 미국 헌법을 수호할 것을 엄숙히 맹세합니다(Do solemnly swear that I will support and defend the constitution of the United Station against all enemies, foreign and domestic)."

대한민국의 대통령이 주관하는 장교 합동 임관식에서 임관 장교들은 다음과 같은 선서를 한다.

"대한민국의 장교로서 국가와 국민을 위하여 충성을 다하고 헌법과 법규를 준수하며 부여된 직책과 임무를 성실히 수행할 것을 엄숙히 선서합니다."

무엇이 다른가? 다른 것은 없다. 단지 웨스트포인트 생도들은 생각하면서 선서했지만, 대한민국 장교들은 생각 없이 선서했기 때문에 밀리 합참의장과 12·3 계엄에 참여하는 지휘관들이란 다른 결과가 나온 것이다.

우리는 마크 밀리 합참의장과 그 지휘부가 따랐던 모저의 '자발적 복종'을 추구할 것인가?, 아니면 육군참모총장과 그 수뇌부가 따랐던 라보에시의 '자발적 복종'을 추구할 것인가? 선택은 우리에게 달렸다.

영화 〈반지의 제왕〉이 이야기하는 것

같은 영화를 몇 번씩 반복해서 보는 경우가 있다. 무료한 시간을 달래기 위해 TV 리모콘을 돌리다 보면 종종 접하게 되는데, 그때마다 다른 채널로 돌리지 못하고 다시 보게 되는 영화로, J. R. R 톨킨(Tolkien)의 소설을 영화화한 〈반지의 제왕〉이 있다. 나는 그 영화에 등장하는 캐릭터 중 '골룸(Gollum)'⁴⁰이라는 존재에 눈길이 간다. 손가락에 끼게 되면 아무도 보이지 않게 되는 절대반지! 그리고 그 반지의 운반을 돕는 안내자 골룸!

---

40 골룸은 〈반지의 제왕〉에 나오는 호빗의 한 종류로 의도치 않게 주인공을 도와준 악당의 전형을 보여주는 인물이다. 골룸이라는 명칭은 유대인들에게 전해 내려오는 이야기에서 영감을 얻었다는 이야기도 있다. 1580년경 현재의 체코 프라하에서 박해받던 유대인들을 보호하기 위해 랍비 뢰브는 매일 간절히 기도했다. 그러던 어느 날 기도하던 중에 골렘을 만들라는 하늘의 소리를 들었다. 골렘이란 히브리어로 '아직 형태가 갖춰지지 않은 상태'를 뜻하는데 보통은 흙으로 빚은 영혼과 생명이 없는 사람 형태를 말한다. 톨킨이 여기서 골렘을 골룸으로 변형하여 활용했다는 이야기도 있다.

골룸은 수시로 생각이 변한다. 선한 존재가 되었다가 악한 존재가 된다. 그리고 절대반지의 운반자 주인공 프로도 또한 절대반지 앞에서 선과 악을 오간다. 톨킨이 '골룸'이라는 캐릭터를 등장시킨 이유는 무엇일까? 생전에 톨킨은 자신의 작품에 대해 철학적·윤리적 의미는 없다면서 그런 해석을 멀리했다. 그럼에도 불구하고 그의 작품에는 많은 철학적 요소가 담겨 있다. 절대반지의 모티브는 그리스의 철학자 플라톤의 저서 『국가』 2권에 등장하는 기게스의 반지(Ring of Gyges)[41]이다. 플라톤은 이 이야기를 통해 '네가 스스로 도덕적이라 하는데, 아무도 네 존재를 볼 수 없는 절대반지를 끼게 되더라도 진정 도덕적 행동을 할 수 있느냐?'라는 질문을 한다. 스승 소크라테스는 이렇게 대답한다. "기게스는 정의를 실현하지 못했다. 정의롭지 않은 행위로 아무리 많은 이득을 가져온다 해도 행복할 수 없다. 이성이 원하는 올바른 행위만이 진정으로 그를 행복하게 할 수 있다." 톨킨은 소크라테스의 이 말에 동의한 것으로 보인다. 왜냐하면 영화에서 절대반지는 결국 펄펄 끓는 용암에 녹아 없어지기 때문이다.

---

41 기게스의 이야기는 다음과 같다. 기게스는 리디아(현재의 터키)왕국에서 칸다울레스 왕을 섬기는 목동이었다. 어느 날 갑자기 커다란 지진이 일어났고 지진이 일어난 자리에는 땅이 갈라져 동굴이 생겼다. 동굴 안에는 손가락에 금반지가 끼워져 있는 시체가 놓여 있었다. 기게스는 시체에 반지를 빼 들고 밖으로 나왔다. 기게스는 우연히 자신이 끼고 있는 반지를 안으로 돌리면 투명 인간이 되고, 밖으로 돌리면 자신의 모습이 다시 나타나는 것을 알게 되었다. 보이지 않는 힘을 갖게 된 기게스는 나쁜 마음을 먹게 되었다. 가축의 상태를 왕에게 보고하는 전령이 되어 궁전으로 들어간 기게스는 자신의 절대반지를 이용하여 투명하게 된 후, 왕비를 간통하고, 왕을 암살하여 왕위를 찬탈하고 스스로 리디아 왕이 되었다.

이 세상에 절대반지는 없다. 절대반지가 있으리라 상상하는 것 자체가 헛된 망상일 뿐이다. 자신이 노력한 만큼만 결과를 바라는 것이야말로 행복으로 가는 가장 확실한 지름길이다. 자신을 이끌어 줄 특정 인맥, 특정 조건은 절대반지 앞의 '골룸'처럼 인간을 미혹하게 만든다. 삶의 여정에는 반드시 기회가 있다. 그러나 그 기회가 절대반지는 아니다. 나의 정신이 온전할 때 그것은 기회가 되는 것이다. 내 앞에 주어진 좋은 기회일지라도 그 기회로 인해 나의 정신이 미혹하게 된다면, 그것은 기회가 아니라 절대반지가 되는 것이다.

영화에서 '골룸'만큼이나 흥미를 끈 요소는 화려하고 생동감 넘치는 전투 장면이다. 그리고 전투 장면에 등장하는 군대가 아주 대조적이라는 것 또한 인상적이다. 사우론이 지휘하는 오크의 군대는 천편일률적이고 융통성 없는 명령과 절대적 복종을 상징한다. 오크는 매우 용감하고 두려움이 없다. 그런 집단에서 불복종이란 단어는 감히 생각할 수도 없다. 당연히 자주적인 전투 또한 상상할 수 없다. 반면, 간달프가 이끄는 군대는 융통성이 있고 다양성과 자율성을 상징한다. 요정, 난쟁이, 칼잡이, 활을 쏘는 사람, 망치를 쓰는 사람 등 제각각이다. 처음에는 오크의 무자비한 공격에 밀리지만, 어느 순간 각자의 장점이 더해지거나 어느 누군가의 자발적 희생으로 또는 간절함이 불러온 어떤 우연—요정, 나무족, 유령족 등—의 도움으로 결국 승리한다. 톨킨은 제1차 세계대전 때 군인으로 참전했고, 그의 작품은 제2차 세계대전 후에 완성됐다. 작품에 나오는 악당들은 사우론에게 속았거나 노예화되어 전쟁에 참전한 인물들이고, 오크족 또한 주인을 존경해서 전쟁에 나온 것이 아니라, 공포에 떨며 전장에 내몰리는 신세다. 간달프의 편에 있는 요정이나 난쟁이, 로한의 군대 등은 지도자에 대한 존경을 바탕으로 전투에 참전한 것으로 묘사된다. 실제 상황이 아닌, 소설과 영화의 이야기이지만 톨킨이 전하고자 하는 메시지를 우리는 분명히 알고 있다. 획일성과 맹목적 복종만을 추종하는 군대보다는 다양성과 자발적 복종을 추구하는 군대가 승리한다는 것을 강조한 것임을.

1548년 18세의 소년, 에티엔 드 라 보에시는 다음과 같이 외쳤다.

"자유를 지키기 위해 전장에 뛰어드는 쪽과, 공격의 대가로 적들을 노예로 삼기 위해 전장에 뛰어드는 쪽이 싸우면, 당연히 전자가 승리할 수밖에 없다"

| 감사의 글 |

지난 몇 달 동안 하루 24시간 오로지 한 주제에만 매달렸던 것 같다. 올 3월 말 유럽 여행을 계획하고 작년에 이미 비행기 티켓을 예약했기 때문에 그 전에 이 책의 원고를 마무리해야 했기 때문이었다.

이번 여행은 단기 여행이 아니라 한 달이 조금 넘는 장기 여행이었고, 방문하는 나라와 도시도 비교적 많았기 때문에 그만큼 준비도 많이 필요했다. 일반적인 여행계획이나 숙소 예약, 각종 티켓 구매는 아내가 다 해 주었기 때문에 신경을 거의 쓰지 않았지만, 나는 방문하는 국가와 도시, 그리고 그 도시가 낳은 인물들에 대한 공부가 필요했다. 기왕 가는 것, 그리고 자주 가볼 수 없는 현실적 제약 때문에, 많은 것을 사전에 알고 가야 한다는 일종의 의무감 같은 부담이 마음 한구석을 차지하고 있었다. 그래서 최소한 여행 전 1주일은 시간을 비워 놓고 싶었다. 그래서 24시간이 부족했다.

그럼에도 은퇴 후에 무엇인가에 몰두할 수 있다는 현실에 감사하며 하루하루를 원고와 씨름했다. 그 와중에 2월에는 전국 육해공군 및 해병대 군종 목사님들의 워크샵과 전방에 있는 모 사단의 강의 요청이 있었다. 부담을 줄이기 위해 강의 내용도 이 책의 내용과 비슷한 주제로 정했다. 강의를 준비하면서 늘 느끼는 것이지만 강의는 내가 청중에게 알리는 것보다는 내가 청중들로부터 배우는 것이 더 많은 소중한 시간임을 또 깨달았다. 덕분에 그들의 질문 내용과 궁금증이 이 책의 부족함을 메우는 데 많은 도움이 되었다. 소중한 의견을 주신 분께 감사의 인사를 전한다. 온종일 이 책에만 매달린 덕분에 원하는 시간에 원고를 마무리 지을 수 있었고, 편안한 마음으로 출국할 수 있었다.

그렇게 보름 정도의 시간이 흘렀다. 4월 3일, 나는 프라하에 있는 '존 레논의 벽'에서 세계 각지에서 온 관광객들 그리고 현지에 있는 사람들이 직접 쓴 낙서를 보고 있었다. 그 순간 어디선가 한국말이 들렸고, 현지에 살고 있는 교민과 대화를 하게 되었다. 며칠 전에 "윤○○ 탄핵"이라는 낙서가 있었는데, 몇몇 사람들이 몰려와서 급하게 지웠다는 말과 함께 낙서가 올라온 사진을 직접 보여줬다. 때마침 한국 언론에서는 다음 날(4월 4일) 헌법재판소에서 최종 선고가 예정되어 있다는 소식을 전하고 있었다. 존 레논이 이곳에 온 것도 아니고, 당시 프라하의 대학생들이 존 레논을 직접 본 것도 아닌데, 프라하 한구석에 있는 담벼

락이 '존 레논의 벽'으로 알려지게 된 스토리를 생각해 봤다. 역사 속에서 이름을 남긴 사람은 얼마나 될까? 아마 극소수에 불과할 것이다. 확률적으로 말하면 거의 전부라고 말할 수 있을 정도의 대다수 사람들은 그냥 어쩔 수 없이 역사의 뒤안길로 사라진다. 그들의, 그들에 대한, 그들을 위한 기록이 없는 것은 어쩌면 당연할 것이다. 오히려 어쩌다 남은 기록이 더 이상할 수도 있다. 그러나 그 어쩌다 남은 기록이, 선택된 극소수가 남긴 기록보다 역사의 현장을 더 대변할 수도 있을 것이다. 나는 숙소로 돌아와 내 원고를 다시 읽어 봤다. 그리고 소망했다. '오늘 썼다 내일 지워질 낙서일지라도 어디선가는, 누군가의 사진 속에 존재하게 되는 낙서처럼, 내 책도 금방 지워지겠지만, 누군가의 기억 속에는 남아 있게 되기를……'

지난 2개월 동안 온전히 집필에만 집중할 수 있도록 내조해 준 아내 강인희 여사께 꼭 고맙다는 말을 전하고 싶다. 평범한 한국의 여성상과는 다른 면이 있지만, 나에게 도움이 될 만한 자료가 있으면 꼭 보내주는 알뜰함과 어디엔가 좋은 강연이 있으면 티켓까지 직접 예매해 주는 센스 있는 나의 든든한 후원자이다. 그리고 전역 후 지금까지 차분히 독서와 사색의 시간을 갖도록 물심양면으로 배려해 주신 차상협 회장님, 이근일 회장님, 박성호 이사님께도 감사의 인사를 전한다. 내가 이런 활동을 할 수 있는 것은 오로지 그분들의 배려 덕분이다. 또한 대중

적이지 않은 주제를 출판할 수 있도록 배려해 주신 도서출판 플래닛미디어의 김세영 대표님, 그리고 원고를 처음부터 끝까지 읽어 주시고 한 자 한 자 오탈자와 용어를 교정해 주면서 부족한 부분을 보완할 수 있도록 조언을 해 주신 김성희 편집자에게도 진심으로 감사의 마음을 전한다.

| 참고문헌 |

〈단행본〉

『군사교육과 지휘문화』, 외르크 무트 저, 진중근 역(일조각, 2021)

『임무형 전술의 어제와 오늘』, 디르크 W. 외팅 저, 박정이 역(백암, 2011)

『전쟁론』, 클라우제비츠 저, 정토웅 역(지만지, 2008)

『리바이어던』, 토마스 홉스 저, 최공웅·최진원 역(동서문화사, 2016)

『열린사회와 그 적들』, 칼 포퍼 저, 이한구 역(민음사, 2014)

『엔트로피 법칙』, 제레미 리프킨 저, 최현 역(법우사, 1983)

『노예의 길』, 프리드리히 A. 하이에크 저, 김영청 역(자유기업센터, 1999)

『군인과 국가』, 새뮤얼 헌팅턴 저, 이춘근·허남성·김국헌 역(한국해양전략연구소, 2011)

『생각하는 군인』, 전계청 저(길찾기, 2023)

『전쟁을 움직이는 힘, 전장리더십』, 윤여표 저(바른북스, 2025)

『자유주의와 공동체주의 윤리학』, 홍성우 저(선학사, 2005)

『아나키에서 유토피아로』, 로버트 로직 저, 남경희 역(문학과 지성사, 1983)

『손자병법』, 손무 저, 박창희 해설(플래닛미디어, 2023)

『서양의 정의론, 동양의 정의론』, 이찬훈 저(예문서원, 2023)

『명령에 따랐을 뿐』, 에밀리 A. 캐스파 저, 이성민 역(동아시아, 2025)

『그들은 자신들이 자유롭다고 생각했다』, 밀턴 마이어 저, 박중서 역(갈라파고스, 2014)

『자발적 복종』, 에티엔 드 라 보에시 저, 심영길·목수정 역(생각정원, 2015)

『군사학 논고』, 플라비우스 베게티우스 레나투스 저, 정토웅 역(지식을 만드는 지식, 2011)

『이기적 유전자』, 리처드 도킨스 저, 홍영남·이상임 역(을유문화사, 2015)

『독일군의 신화와 진실』, 게하르트 P. 그로스 저, 진중근 역(길찾기, 2023)

『문화대혁명』, 리처드 커트 크라우스 저, 강진아 역(교유서가, 2024)

『빅 히스토리』, 이언 크로프턴·제레미 블랙 저, 이정민 역(생각정거장, 2017)

『전쟁의 미래』, 로렌스 프리드먼 저, 조행복 역(비즈니스북스, 2005)

『인류 밖에서 찾은 완벽한 리더들』, 장이권 저(21세기북스, 2023)

『제국의 슬픔』, 리중톈 저, 강경이 역(에버리치홀딩스, 2006)

『노예의 길』, 프리드리히 A. 하이에크 저, 김영청 역(자유기업센터, 1999)

『소크라테스의 변명』, 플라톤 저, 황문수 역(문예출판사, 2012)

『전쟁의 두 얼굴』, 마틴 판 크레벨트 저, 이동훈 역(살림, 2008)

『공산당 선언』, 카를 마르크스 · 프리드리히 엥겔스 저, 이진우 역(책세상, 2024)

『세계제국사』, 제안 버뱅크 · 프레데릭 쿠퍼 저, 이재만 역(책과함께, 2016)

『마르스의 두 얼굴』, 마이클 월저 저, 권영근 · 김덕현 · 이석구 역(연경문화사, 2022)

『군인, 영웅과 희생자, 괴물들의 세계사』, 볼프 슈나이더 저, 박종대 역(열린책들, 2015)

『피에 젖은 땅』, 티머시 스나이더 저, 함규진 역(글항아리, 2021)

〈기타 자료〉

『임무형지휘』. 육군본부, (국군인쇄창, 2019)

『지상군 기본교리』, 육군본부, 야전교범1 (2011)

『위국헌신의 길』, 육군본부, (국군인쇄창, 2004)

『미 육군개혁, Getting It Right』, 육군본부, (국군인쇄창, 2012)

『6 · 25 전쟁사』, 육군대학, 합동군사대학교 보충교재(국군인쇄창, 2020)

『세계 전쟁사』, 육군대학, 합동군사대학교 보충교재(국군인쇄창, 2020)

『태평양전쟁 시 일본군의 지휘관과 참모』, 육군군사연구소, (국군인쇄창, 2019)

〈인터넷 검색〉

국가기록원 국가기록포털. https://www.archives.go.kr/

국가법령정보센터. https://www.law.go.kr/

한국민족문화 대백과사전. https://encykorea.aks.ac.kr/

위키백과. https://ko.wikipedia.org/wiki/

나무위키. https://namu.wiki/

가디언. https://www.theguardian.com/us-news/

네이버. https://naver.com/

구글. https://www.google.co.kr/

한국국방안보포럼(KODEF)은 21세기 국방정론을 발전시키고 국가안보에 대한 미래 전략적 대안을 제시하기 위해 뜻있는 군·정치·언론·법조·경제·문화 마니아 집단이 만든 사단법인입니다. 온·오프라인을 통해 국방정책을 논의하고, 국방정책에 관한 조사·연구·자문·지원 활동을 하고 있으며, 국방 관련 단체 및 기관과 공조하여 국방 교육 자료를 개발하고 안보의식을 고양하는 사업을 하고 있습니다. http://www.kodef.net

KODEF 안보총서 125

복종과 불복종

자발적 복종과 정당한 불복종, 바람직한 민군관계에 대하여

초판 1쇄 인쇄 | 2025년 5월 19일
초판 1쇄 발행 | 2025년 5월 23일

지은이 | 전계청
펴낸이 | 김세영

펴낸곳 | 도서출판 플래닛미디어
주소 | 04013 서울시 마포구 월드컵로15길 67, 2층
전화 | 02-3143-3366
팩스 | 02-3143-3360
블로그 | http://blog.naver.com/planetmedia7
이메일 | webmaster@planetmedia.co.kr
출판등록 | 2005년 9월 12일 제313-2005-000197호

ISBN | 979-11-87822-97-4 03390